顿悟

让问题迎刃而解

建华◎编著

国家一级出版社 中国纺织出版社 全国百佳图书出版单位

内 容 提 要

人生的平淡和起起伏伏都是一种生命的轨迹，在每一次感动中，我们体会着人生的百态，感恩亲情、友情、爱情和生命的点点滴滴。

感恩是一种人生态度，是工作的哲学，是快乐的源泉。本书带你步入一个丰盈的情感世界，在一个个真实的故事中，体味心灵的慰藉。在饱含温情的文字里，我们学会如何去珍惜，怎样去感恩，让爱与温暖在每个人的心间得以延续。让你心怀感恩地去生活，走出精彩的人生。

图书在版编目（CIP）数据

顿悟：让问题迎刃而解／建华编著.—北京：中国纺织出版社，2018.11（2023.7重印）

ISBN 978-7-5180-5392-6

Ⅰ.①顿… Ⅱ.①建… Ⅲ.①成功心理—通俗读物 Ⅳ.①B848.4-49

中国版本图书馆CIP数据核字（2018）第211421号

责任编辑：闫 星　　特约编辑：李 杨　　责任印制：储志伟

中国纺织出版社出版发行
地址：北京市朝阳区百子湾东里A407号楼　邮政编码：100124
销售电话：010—67004422　传真：010—87155801
http：//www.c-textilep.com
E-mail：faxing@c-textilep.com
中国纺织出版社天猫旗舰店
官方微博http：//weibo.com/2119887771
北京兰星球彩色印刷有限公司印刷　　各地新华书店经销
2018年11第1版　2023年7月第2次印刷
开本：880×1230　1/32　印张：8.25
字数：173千字　定价：39.80元

前言

生命是个奇怪的东西，自打我们来到人世，似乎就在为所谓的幸福努力着，于是很多人毕生都在奋斗，努力地证明自己生命的不凡。有的人选择了用事业上的成功来证实，有的人用不断争取来的权势来证实，有的人凭借巨额财产来证实，有的人用满腹的才华来证实……有的人成功了，也有一些人失败了，成功者春风得意，失败者殚精竭虑，然而，人生苦短，生命须臾间即逝，我们总是在马不停蹄地奔跑，却忘记欣赏沿途的风景。

你是否想过，当你殚精竭虑地摘取了满怀的鲜花之时，抑或白发苍苍时，突然就发现曾经在路边绽放的盈盈小花更加惹人怜爱，然而，那时的你已没有机会再回头去观赏它的淡雅美丽了。

关于幸福，哈佛教授本·沙哈尔曾说："一个幸福的人，必须有可以带来快乐和意义的目标，然后为之努力，真正快乐的人，会在自己认为有意义的生活里，享受它的点点滴滴。"挪威航海家弗里德持乔夫·南森也说："人生的第一大事是发现自己，因此，人们必须不时孤独和沉思。"人生路上，我们只有发现真正的自我。学会聆听自己的心声，你才能更加从容地上路。

可见，追求幸福，就是要选好自己的人生模式，更为关键的，就是挥别那种精神和心境的无知无觉的疲惫状态，做好自己能做的一切，把握今天，着眼未来。

我们需要拥有一颗感恩的心，善于发现事物的美好，感受平凡中的美丽，那我们就会以坦荡的心境，豁达的胸怀来应对生活中的每一份酸甜苦辣，让原本平淡乏味的生活焕发出迷人的色彩，那么，你会发现，磨难与逆境也不过是飘来的“浮云”。其实，挫折也是人生的一笔财富。没有挫折的人生，从某种意义上来说是黯然失色的。“挫折是人生的财富”，最主要的一点是挫折会让我们变得聪明，变得坚强，变得成熟，变得完美。当然，这首先需要我们经得住挫折。

在感恩的同时，我们需要拥有一颗平常心。人生不可能一直顺风顺水，不可能总是处于巅峰状态，也有可能处于低谷，也可能遭遇不顺，这就是人生。但总的来说，人生是平淡的，对待平淡的人生，我们也应该让自己的心静下来。得意时，不猖狂；失意时，不绝望，孤独时不惆怅。

平平淡淡和起起伏伏都是一种生命的轨迹，我们要心怀感恩，体味其中的真谛，用心去享受简单生活中的快乐、幸福！

本书从一些经典、发人深省的故事入手，阐述了关于成长和感恩的智慧，使读者在轻松阅读小故事的同时，从中获得丰富的生活哲理、人生经验。阅读本书，能开启你的智慧之门，让你犹如获得一盏明灯，照亮你向前行的路。

编著者

2015年5月

目录

第1章

有一种幸福的眼泪叫感恩

我们生活在一个飞速发展的时代，速食文化和速食感情也在蔓延，人与人之间会因为利益而相交，每天一睁开眼就是大片大片的负面信息从天而降，人与人之间真的冷漠如斯吗？生活中的笑声和温馨哪里去了呢？是的，很多人在追逐梦想和金钱的时候，忘记了作为人应该保有的最基本的东西，一颗感恩的心。没有了感恩之情，人就会变得麻木，社会就会变得冷漠；没有了感恩之心，人就会变得自私，社会就会变得物质化，变得没有了人情味。为了拥有一个健康和充满温暖的生活空间，让我们从现在开始，用一颗感恩的心去包容一切、感化一切，让我们的人生从这里开始，有一个崭新的变化。

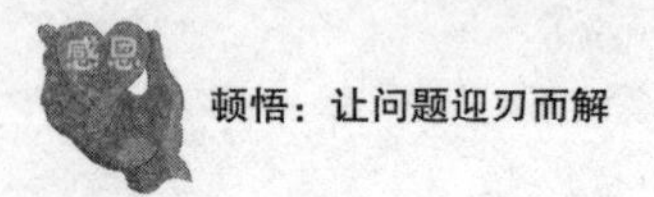

每个人都应该有一颗感恩的心

有人说："生活就是一面镜子，你笑它也笑，你哭它也哭。"是的，如果你每天愁眉苦脸、抱怨连连地过日子，那你的生活只能越过越差；而如果你心怀一颗感恩的心，用理解和微笑面对生活，那你会过得很开心，你周围的人也会跟着快乐，你的感恩会让身边的每一个人都感受到生活的美好。

说到感恩，每个人都会有自己的体会。

孩子说："我要感谢爸爸和妈妈，是他们给了我生命，是他们含辛茹苦把我养大，是他们教会我说第一句话，是他们在我无数次摔倒之后依然坚持教我走路，是他们省吃俭用让我拥有了学习的机会……他们给予我的爱，是最无私，最伟大的，他们的恩我要一辈子感怀在心！"

学生说："我要感谢老师，老师是文化的传播者，他带领我们在知识的海洋中遨游，点燃我们求知的欲望；他是我们成长的领路人，他教导我们如何做人、处世；他是我们的

朋友，他给予我们尊重、理解、关心；他使我们变得坚强、无所畏惧；他是我们的榜样，他言传身教，使我们终身受益……”

父母说：“我要感谢孩子，是他们带给我欢笑；我要感谢爱人，是他（她）让我品尝到爱情的滋味；我要感谢朋友，是他们给了我面对坎坷的勇气；我要感谢领导，是他给了我赚钱养家的工作；我要感谢同事，是他们的帮助让我的工作更加顺利……”

是的，我们应该感谢每一个出现在我们身边为了我们的美好生活做出过贡献的人。

当我们吃着香喷喷的米饭，农民们却面朝黄土背朝天地劳作时，我们应该感恩；当我们在温暖的房间里沐浴着阳光，建筑工人却满身灰土搅拌水泥时，我们应该感恩；当我们坐着便捷的公交车和地铁，修路工人却在一米一米地铺路时，我们应该感恩。

这个世界上有太多的人值得我们感谢，有太多的东西值得我们欣赏，而我们却不能一一去表达我们的感激之情，那么我们为什么不心怀一颗感恩的心，面对每一天的生活，面对每一个碰到的人，面对每一件不平的事呢？

生活中多一份感恩就会多一份美好，少一丝计较和抱怨就会少很多不快。在这个丰富多彩的世界中，你难道不想看到微笑的脸，不想看到理解的眼神，不想和一颗时常感恩的心交会吗?

感恩，是一种美好的情感，是人的高贵之所在。感恩将使你的心和你所企盼的事物联系得更紧，感恩将使你对生活、对一切美好事物充满信心，从而一生被美好的事物包围。常怀感恩之心，我们便可以生活在一个感恩的世界里，我们的人生也会变得更加美好。感恩是一束金色的阳光，能化解冰雪，让我们学习感恩，让这束阳光也照耀我们大家的心。

生命沉重，一颗感恩的心却可以让它变得轻盈。生活辛苦，一颗感恩的心却可以让它变得快乐。每个人都应该心怀一颗感恩的心，每一天都要微笑面对，千万不要因为匆匆赶路，而忽略了沿途的风景，更不能忽视陪着我们一起赶路的人。心怀感恩，每一天你都会幸福着!

善待他人应成为一种处世方式

有人这样说：“感恩”不一定要感谢大恩大德，“感恩”可以是一种生活态度，一种善于发现美并欣赏美的道德情操。的确，生活中需要感恩，一颗感恩的心可以让思想沉淀，让阴霾消散，让你在平凡的生活中创造别样的精彩，收获别样的幸福。

美国前总统罗斯福家中失窃，被偷走了很多东西，一位朋友闻讯后，忙写信安慰他，劝他不必太在意。罗斯福给朋友写了一封回信："亲爱的朋友，谢谢你来信安慰我，我现在很平安。感谢上帝：因为第一，贼偷去的是我的东西，而没有伤害我的生命；第二，贼只偷去我部分东西，而不是全部；第三，最值得庆幸的是，做贼的是他，而不是我。"

故事中的罗斯福表现出了一种极其乐观的心态，这种心态也正是他心怀感恩的结果。他不仅把感恩放在心上，更让感恩成了自己为人处世的一种方式，虽然家中被盗，但他却没有因为丢失东西而难过，而是感激贼没有伤害他的性命，并且感恩自己是个正直的人，而不是贼。罗斯福让自己真真切切地体会到了感恩所带来的美好，作为普通大众的我们，是不是也应该学习这种精神，始终怀着一颗感恩的心去做人处世呢？

罗伯特·德·温森多是阿根廷著名的高尔夫球手，有一次他赢得一场锦标赛的冠军并领到奖金的支票后，他微笑着从记者的重围中出来，到停车场准备回俱乐部。

这时，一个年轻女子向他走来，她先是向温森多表示了祝贺，然后哭着告诉温森多，她的孩子得了很重的病，正住在医院，如果不能支付昂贵的医疗费和住院费，那可怜的孩子也许就会死掉。温森多被她声泪俱下的讲述深深打动了，他很同情这个年轻的母亲，于是二话没说，掏出笔在刚刚领

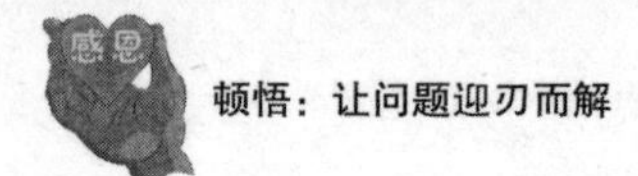

到的支票上签上了自己的名字，然后塞给那个女子，并对她说："这是这次比赛的奖金，我想我能帮上的也只有这个了，祝你的孩子走运！"说完，温森多就开车走了。

一个星期之后，温森多正在一家乡村俱乐部吃午饭。这时，职业高尔夫球联合会的一位官员走过来，问他前几天是不是遇到了一位自称孩子生了重病的年轻女子。

"是的，不过你是怎么知道的？"

"停车场的孩子告诉我的。"那位官员说，"不过，我要告诉你一个坏消息，那个女人是个骗子，她根本就没有什么得了重病的孩子，甚至她还没有结婚。可怜的温森多，你太善良了，你被骗了！"

"等等，你是说根本就没有一个小孩子生了重病快要死掉吗？"

"没错，根本没有。"这位官员非常同情地说。

没想到，温森多只是长长地松了一口气："太好了！这真是我这一个星期以来听到的最好的消息。"

感恩是一种生活方式，感恩不是瘟疫却能够传染。温森多帮助了一个女人，结果却证实女人是个骗子，高尔夫俱乐部的官员都为他鸣不平，可温森多自己不那样认为，他觉得并没有一个小孩子重病快要死掉是一件值得高兴的事，因而他也不会去计较是否被骗了。可以说，温森多当初把奖金给女人的时候是抱着一颗善良友爱的心，当他知道被骗时，没

有让心灵被怒火蒙蔽，而是感激上苍，为这世界少了一个受苦的孩子而感到开心。温森多不仅把感恩时刻放在心里，更是用行动表达了自己的感恩。感恩就是这样，是一种无私的付出，是凡事向好的方面想，始终拥抱希望的心态。

生活当中，每个人都会遇到各种各样的事情，有时候你做的事情不被他人认可；有时候你的功劳被他人抢走；有时候你怎么努力就是达不到自己想要的结果；更多时候，你可能被失败、挫折、痛苦打击得难以名状、不知该如何继续以后的生活。每当这些时候，如果你能够怀着一颗感恩的心，在经过无数次岁月的洗礼后仍然不消极、不放弃，那你就会拥有一种淡然平和的处世心态，你的心智也会越来越成熟，最终你将会因为感恩而使得生活更加完满。

善良应化为一种行动

在物质生活极其丰富的今天，很多人不懂得珍惜现在的幸福生活，只知道一味地追求、索取。人们往往只对自己的不幸感到悲伤，却不再为别人的付出感动，即使偶尔会感动，也只是为感动而感动。

有些人总是把父母的关爱、朋友的鼓励、师长的呵护当成理所当然的事，一遇到失败和挫折就觉得是上天不公，看着别人幸福快乐就觉得是上苍欠他的，而一旦自己背信弃义却无丝毫歉疚之意。他们的心中只有自己，恩情于他们而言如同草芥，这样的人我们不希求他感恩，能够做到不忘恩就好。当然，这样的人即便用尽手段得到自己想要的，也终究得不到极致的快乐，因为他缺少一颗感恩的心。怀着一颗感恩的心去面对生活，即使日子过得平淡，即使会遇到挫折，人生也会幸福而充实。

一个青年丢了工作，身在异乡的他四处寄求职信，但都石沉大海。一天，他收到了一封回信，回信人斥责他没有弄清楚公司所经营的项目就胡乱投递求职信，并指出求职信中语句不通，借此把青年嘲笑了一番。青年虽然有些沮丧，但他觉得这是别人给他回的第一封信，证实了他的存在，而且回信人在信中的确指出了他的不足。为此，他还是心怀感恩地回了一封信，在信里对自己的冒失表示了歉意，并对对方的回复和指导表示了感谢。几个星期后，青年得到了一份合适的工作，而录用他的正是当初回信拒绝他的公司。

故事中的青年正是因为有一颗感恩的心，即便是别人小小的关注，也使他能够心怀感激，因而得到了一份合适的工作。在我们现实的生活中，轰轰烈烈的事很少，多的只是平凡的生活和烦琐的工作，真正救命的恩情和需要用一生报答的恩情很少，有时候只是别人的举手之劳，或者一个鼓励的

眼神、一个善意的微笑，便可以为我们孤独的心增添一份勇气。这其实也是一种恩情，这些也是我们应该经常感念、不能忘记的恩情。

怀着一颗感恩的心去面对生活，人生就会过得幸福而充实。然而有些人却做着忘恩负义的事。

深圳一位著名歌手曾耗资300万元，资助了178个贫困学生，而当他自己病重住院，经济十分困难时，他先前资助过的那么多学生，竟然没有一个人来看他，更别说帮他看病。这其中就有好几个已经大学毕业，还有几个就在深圳。新闻披露后，有一个受助者居然怨气十足地说，这让他很没有面子。

什么时候开始人们变得如此冷漠？面对给自己提供学习机会的恩人，却道出了“让自己没有面子”这样的话，这到底是资助人的悲哀，还是被资助学生的悲哀呢？资助者用感恩的心回报社会，想用自己的能力温暖一些自卑和受伤的心灵，却不曾想到，自己的善意之举换来的是让人凉透心的一句话。

感恩，自古就是中华民族的传统美德，也是衡量一个人道德水平的标准。古人虽说“滴水之恩，当涌泉相报”，但实际生活中施恩的人却很少如此要求，别人不要求并不代表自己就不需要感恩，即便不感恩，至少不能忘恩，更不应该伤害付出者善良的心。不会感恩的人，让这个社会充斥着冷

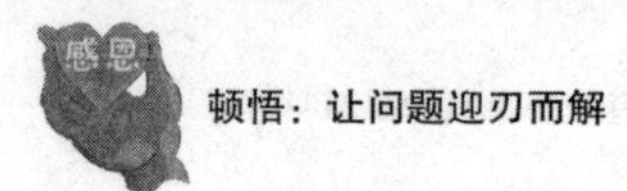

漠和残酷，让感恩的人寒心。所以我们必须时常感恩，不能忘恩，让感恩之心感染每一颗心，让人间成为有爱的天堂！

换个角度，生命充满美好

每年11月的最后一个星期四是感恩节，这是美国人开创的节日。

1620年，著名的“五月花”号满载不堪忍受英国国内宗教迫害的清教徒到达北美洲。年关交替，寒冬腊月，他们遭遇了难以想象的困难，处在饥寒交迫之中。冬天过去了，活下来的移民很少。这时，印第安人给移民们送来了生活必需品，善良的印第安人还特地派人教他们怎样狩猎、捕鱼和种植玉米、南瓜。在印第安人的帮助下，移民们终于获得了丰收，在欢庆丰收的日子，按照传统习俗，移民们确定了感谢上帝的日子，并决定为感谢印第安人的真诚帮助，邀请他们一同庆祝节日。这就是感恩节的由来，第一个感恩节非常成功，其中许多庆祝方式流传了300多年，一直保留到今天。

感恩节的形成说明了人们对于报恩、感恩的重视。每个人活在这个世界上，都在享受着无数人的帮助，没有一个人可以完全靠自己一个人独立存活，所以人们应该感谢世间的

一切，包括苦难。感恩，让人与人之间拥有了仁爱和包容；感恩，让人与人之间减少了摩擦和矛盾；感恩，让人与人之间增强了信任和合作。可以说，一颗感恩的心成就了这个美好的世界。

在中国虽然没有专门的感恩节，却有诸多的感恩格言，比如说“父母在，不远游”，就是告诫孩子要报答父母的恩情，父母健在时不能走得太远让他们担心，不能因为自己的发展而不去孝顺和照顾父母。再如“受人滴水之恩，当涌泉相报”“投之以桃，报之以李”等，说的都是要心怀感恩，不能忘恩的道理。

现在，中外文化交融，感恩节已经不再是外国人的专属，大多数中国人也积极地过起感恩节来，不仅如此，父亲节和母亲节也深受大家喜爱，这些充分说明，大家的心中从来没有忘记感恩。的确，我们时时刻刻都应该感恩，不去历数那些需要我们感谢的人，只因为大家一起存在于这个世界上，只因为在亿万人当中，我们能够彼此遇见，就是值得对生命充满感激的。

对于一些内向或者总是苦于没有机会对周围人表达出感激之情的人，不妨多多利用感恩节这样的节日，给自己一个借口、更是一个机会去感恩。不要以为亲人之间相互理解，明白各自的心理就不用去做行动上的表达。恰恰相反，越是和我们亲密的人，越应该多表示出我们的感激和感谢，这会

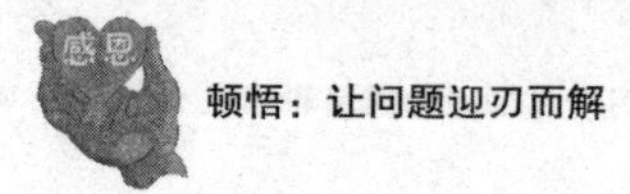

让我们的生活更加快乐和幸福。

用心感受，每一天都是新的

巴尔蒙特说：“为了看看阳光，我来到世上。”从那感恩的话语里，感觉到他似乎从来没有受过伤害，总是以一份宁静的心态歌颂阳光、生活。对于每个人来说，生活是美好的，虽然不能避免偶尔的伤心和痛苦，但是每天只要睁开眼，我们就应该告诉自己：今天又是新的一天，昨天已经过去了。无论多么悲伤的记忆，都要抛之脑后，重新鼓起勇气，迎接新的一天。当然，看待生活的态度不同，所领悟的人生真谛也有偏差。一个心中满是悲观情绪的人，他不懂得感恩，在他眼里只有黑暗，看不到光明，即使对着灿烂的阳光也会熟视无睹；一个懂得感恩的人，即使面对生活里的悲伤，他依然可以窥探到黑暗缝隙处的光明。

有一位年老的父亲，他有两个儿子，都非常可爱。圣诞节来临前，父亲想考验一下自己的两个儿子，就分别送给他们俩完全不同的礼物，在夜里悄悄地将礼物挂在圣诞树上。第二天早晨，哥哥和弟弟都早早起来，想看看圣诞老人送给自己的是什么礼物，哥哥的圣诞树上礼物很多，有一把气枪，一辆崭新的自行车，还有一个足球。哥哥将自己的礼

物一件件地取下来，但是并不高兴，反而忧心忡忡。父亲很奇怪，就问他："难道是礼物不好吗？"哥哥拿着气枪说："看吧，这支气枪如果我拿出去玩，没准会把邻居的窗户打碎，那时肯定会招来一通责骂；这辆自行车，我骑出去倒是高兴，但说不定会撞在树干上，把自己摔伤；而这个足球，我总会把它踢爆的。"父亲听了没有说话。

弟弟的圣诞树上除了一个纸包外，什么也没有。他把纸包打开一看，不禁哈哈大笑，一边笑还一边在房间里到处找。父亲问他："你为什么这么高兴？"弟弟说："我的圣诞礼物是一包马粪，这说明肯定有一匹小马驹在我们家里。"最后，他果然在屋后找到了一匹小马驹，父亲也跟着笑起来："这真是个快乐的圣诞节啊！"

中岛薰曾说："认识自己做不到，只有一种错觉，我们开始做某事前，往往总是考虑能否做到，接着就开始怀疑自己了。"怀疑自己，是一种不好的心态，其实，在很多时候，那只是一种错觉，今天随时都可以重新开始，同样，人生也随时都可以重新开始，没有任何条件限制。只要常怀感恩之心，认真对待生命中的每一天，我们的梦想就一定可以实现。

发明家贝尔曾经耗费了大半生的财力，建立了一个庞大的实验室。但不幸的是，一场大火将这座刚刚建好的实验室化为灰烬，造成了严重的损失，贝尔一生的研究心血几乎都付之一炬。当他的儿子在火场附近焦急地找到父亲时，他看到已经67岁的父亲居然一个人静静地坐在一个小斜坡上，看着熊熊大火烧尽一切。贝尔见儿子前来找他，突然扯开喉咙叫儿子快去找他的妈妈来："快把她找来，让她也看看这场难得一见的大火！"

大家都认为大火可能对贝尔造成了严重的打击，精神有些失常了。但是贝尔却说："大火烧尽了所有的错误。感谢上帝，我又可以重新开始了。"没多久，贝尔的新实验室就又建立起来了。直到今天，贝尔实验室已经成为科学家的摇篮。

智者说："倘若你无精打采地烤着面包，那么面包就是苦的；倘若你心怀怨恨地酿着葡萄酒，那么怨恨的毒液就会滴进酒里。从今以后，我不做傻子，拒绝悲伤，我只愿意烹烤甜面包，酿造美味葡萄酒。"这样的话，让人心中总有一种说不出来的感动，那是心灵的重生，往日所有的悲伤和不幸都渐渐流逝了，最后，只剩下幸福与快乐。其实，只要我们放下心中的怨恨，怀着那份感激之情，去认真对待生命里的每一天，那么对我们而言，每一天都将会是艳阳天。

懂得感恩的人，总是一遍又一遍地感激："感谢生活，你让我又一次体会到了蓝天的深邃，阳光的温暖。与你们比起来，那些悲伤又算得了什么呢？"正是这样感恩的心态，他们才会更加珍惜生活，珍惜生命中的每一天。人生短短几

十年，怨恨是一天，快乐也是一天，何不选择快乐呢？记住：只要我们心中充满阳光，我们的每一天就会是崭新的，我们的生命也将充满激情。一个人只要还能思考，懂得感恩，心怀梦想，那么每一天都将是新的开始。

大胆走出去，世界多精彩

你是不是正在抱怨着生活不如意，房价太高，房租太贵，工资太少，工作太累，老板不赏识你，机会不垂青你，就连朋友都不怎么喜欢和你联系……你觉得自己简直一无是处、一塌糊涂。你不明白，为什么同样是人，别人并没有比你条件好，却过得很快乐；曾经和你站在同一起跑线上的人，如今已然和你不在同一层次了，现在的你只有望着别人的背影叹气。这些都是为什么呢？其实正如你自己所了解的一样，你们的条件和起点本来相同，但是因为看世界的目光不同、心态不同，造就了你们不同的际遇和现在的生活。一个人用感恩的心看世界，那么他的生活自然是美好的，当你全心全意向着积极的方向思考的时候，好运自然也会来到你的身边。

感恩节期间，有位先生垂头丧气地来到教堂，坐在牧师面前，对牧师诉苦：“都说感恩节要对上帝献上自己的感谢之心，如今我一无所有，失业已经大半年了，工作找了十多次，也没人用我，我没什么可感谢的了！”牧师问他：“你真的一无所有吗？上帝是仁慈的，神依然爱你，你没觉得？好，这样吧，我给你一张纸，一支笔，你把我问你答的内容都记录下来，好吗？”

牧师问：“你有太太吗？”

他回答：“我有太太，她不因我的困苦而离开我，她还爱着我。相比之下，我的愧疚也更深了。”

牧师问：“你有孩子吗？”

他回答：“我有孩子，有五个可爱的孩子，虽然我不能让他们吃最好的食物，受最好的教育，但孩子们很争气。”

牧师问：“你胃口好吗？”

他回答：“啊，我的胃口好极了，由于没什么钱，我不能最大限度地满足我的胃口，常常只吃七成饱。”

牧师问：“你睡眠好吗？”

他回答：“睡眠？呵呵，我的睡眠棒极了，一碰到枕头就睡熟了。”

牧师问：“你有朋友吗？”

他回答：“我有朋友，因为我失业了，他们不时地给予我帮助！而我无法回报他们。”

牧师问：“你的视力如何？”

他回答：“我的视力好极了，我能够清晰地看见很远地

方的物体。”于是他的纸上就记录下这6条：

1.我有好太太

2.我有五个好孩子

3.我有好胃口

4.我有好睡眠

5.我有好朋友

6.我有好视力

牧师听他读了一遍以上的6条，说：“祝贺你！感谢我们的上帝，他是何等地保佑你，赐福给你！你回去吧，记住要感恩！”他回到家，默想刚才的对话，照照那久违的镜子：“呀，我是多么凌乱，又是多么消沉！头发硬得像板刷，衣服也有些脏……”

后来他带着感恩的心，精神也振奋不少，他找到了一份很好的工作。

这个故事想必很有说服力，现实生活中也有很多和这位曾经十分苦恼的先生一样的人。当你觉得自己一无所有、一无是处的时候，用感恩的心仔细地想一想，真的是这样吗？你是不是和故事中的人物一样，忘记了每天陪伴在自己身边，和自己同甘共苦，对自己不离不弃的好太太；是不是忽略了正在努力长大、准备为你分担生活艰辛的孩子；是不是从没在意过自己天生就拥有的好胃口、好睡眠或者好身体；又是不是在你悲伤失落的时候，只顾着钻牛角尖却忘记了你

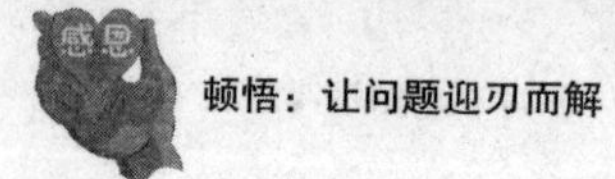

还有好朋友、好兄弟？人真的是很奇怪的动物，当你拥有的时候总是看不到这些东西的存在，失去时却又追悔莫及。试着用感恩的心看世界吧，你也会像那位向牧师忏悔的先生一样，振奋精神重新过上快乐的生活。

第2章

做事感恩，善待他人一生无憾事

每个人生活在这个世界上，都不是孤单一人，我们有家人、朋友、爱人、同学，即便是孤儿，也会有在生命中陪伴过自己的人，哪怕只是一刻，哪怕只是一两句话的交谈。人与人之间相知相交最重要的便是一个“情”字，亲情、爱情、友情、知遇之情等，都是构成我们美好生活的因素。如果我们能够用心去感受，还会有更多值得我们珍惜和感恩的情感，因为有了这一切，我们才能自由快乐地生活着。

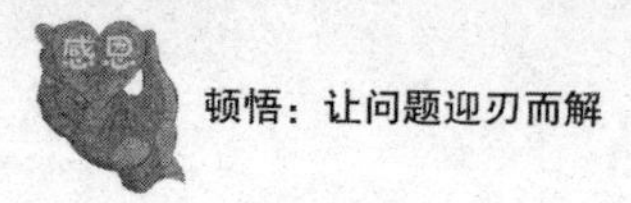

善良是立身处世的根本

如果有人问你，作为一个人生存在这个世界上最重要的是什么，也许你会说是聪明的头脑、显赫的家世、赚钱的能力或者超好的运气，其实，这些对于一个人来说或许是重要的东西，但却不是最重要的，最重要的应该是一颗感恩的心。

人生，并不仅仅是活着、是呼吸那么简单，人与人之间是靠着情谊、缘分和关爱才相互交织，进而创造出多姿多彩的生活的。在这样的生活中，我们必须以感恩的心对待每一个人，受人滴水之恩，或许不能涌泉相报，一句谢谢和自己深深的感恩，却是必不可少的。

有一个名叫赵庆国的小伙子，他的故事令很多人动容。

15年前，一位好心人用38元钱的资助，让当年面临失学的赵庆国有幸继续求学。后来，这位小伙子成了某师范学院的一位硕士研究生。在这15年中，他心中一直珍存着一份感恩之情，于是他费尽周折寻找当年以希望工程名义资助他38

元钱的恩人。

为了实现这个心愿，他跑了许多地方。每次寒暑假回到家乡，第一件事就是跑到离家很远的县城找到相关部门，打听好心人的消息。最后，他还到省城的青少年发展基金会去查询。有几次，他和好心人都擦肩而过。尽管每次都很失望，但他始终没有放弃。功夫不负有心人，在当地县委的帮助下，他最终同当年的捐助人见了面。这让当初的捐助者颇为吃惊，因为他几乎忘记了15年前他做的那件好事了。一声“谢谢”，竟在这个真诚的小伙子的喉咙里憋噎了15年。

赵庆国把别人的恩情记在心里15年，把感谢的话放在心里15年，对于当初的捐助者来说，可能38元钱不算什么，但对于赵庆国来说，却是改变命运的38元钱。赵庆国之所以能够成为硕士研究生，与他把感恩当作立身处世的根本是分不开的，一个人只有真正的把感恩当作一种信念，当作处世之道，才能真切地体会到感恩的价值。

一个生活贫困的男孩为了积攒学费，挨家挨户地推销商品。

傍晚时，他感到疲惫万分，饥饿难挨，而他的推销却很不顺利，以致让他有些绝望。这时，他敲开一扇门，希望主人能给他一杯水。开门的是一位美丽的年轻女子，她给了他一杯浓浓的热牛奶，令男孩感激万分。

许多年后，男孩成了一位著名的外科大夫。一位患病的

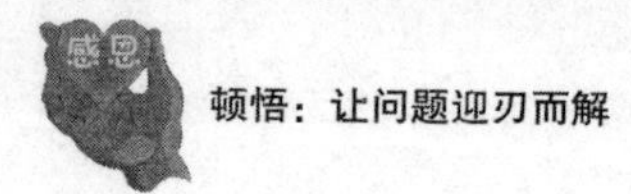

妇女，因为病情严重，当地的大夫都束手无策，便被转到了这位著名的外科大夫所在的医院。外科大夫为妇女做完手术后，惊喜地发现那位妇女正是多年前，在他饥寒交迫之时，热情地给过他帮助的年轻女子，当年正是那杯热牛奶使他又鼓足了勇气和信心。

结果，当那位妇女正在为昂贵的手术费发愁时，却在她的手术费单上看到一行字：手术费——一杯牛奶。

想必当年那位女子也是抱着一种感恩的心态给了素不相识的男孩一杯热牛奶的，恐怕她自己也不会料想到，一杯热牛奶而已，却挽救了自己的生命。世间的事往往就是如此，你的一次善意的举动，你并没有在意的一次帮助，却可能改变他人的人生。你用善良的心对待他人，他人就会用感恩的心回报社会，而最终受益的人，将会是社会上的每一个人。

感恩是一个人立身处世的根本，没有感恩的心，即便成为世界首富也没有任何意义，物质上的富足的确可以使人愉悦，但是这种愉悦是短暂的，只有精神上的满足才能够使人长久地快乐，这种快乐是多少金钱都买不到的。那么，就让我们每个人都把感恩当作立世的根本，每一天都洋溢着感激的笑脸、用宽厚和蔼的语言来温暖这个世界，让我们的生活充满幸福和感恩的快乐吧！

善待压力，压力让我们奋勇前进

生活中，我们常常抱怨压力太大，压得自己喘不过气来。其实，有压力才有动力，压力带给我们的不仅仅是痛苦和沉重，还能激发我们的潜能和内在激情，让我们的潜能得以开发。因此，我们要感恩压力。

美国麻省的安姆斯特学院曾做过这样一个很有趣的实验，他们用很多铁圈把一个小南瓜整个箍住，当南瓜长大时观察它能够承受铁圈多大的压力。刚开始时，他们估计南瓜最多能承受500磅左右的压力。第一个月，他们发现南瓜已经承受了500磅的压力。到了第二个月，南瓜承受了1500磅的压力。而当它承受的压力达到2000磅时，研究人员必须把铁圈捆得更牢了，否则南瓜就会将铁圈撑断。最后，整个南瓜承受的压力超过5000磅，瓜皮才破裂。然而当他们打开南瓜后发现，南瓜已经不能吃了，因为在试图突破铁圈包围的过程中，它的果肉已经变成了坚韧牢固的纤维。为了吸收足够的养分以突围，它的根须延展到了整个培植园。

在压力面前，植物为了生存，会让自己变得更强，其实，人也一样，唯有压力才会使得人们不断改变自己、充实自己，使自己强大起来。

生活中，人们常说“置之死地而后生”。为什么生命在“死地”却能“后生”？就是因为“死地”给了人巨大的压力，并由此转化成了动力。没有这种“死地”的压力，又哪有“后生”的动力？

实际上，上天对我们每个人都是公平的，为什么有些人能摘取成功的果实，有些人却只能甘于平庸？其中一个很大的原因就和压力有关。命运在为我们创造机会的同时，也为我们制造了不少压力。如果你在压力面前倒下了，那么你也就失去了成功的机会；如果你经过压力的锤炼后变得更加坚强，那么你就是真正的强者。不甘于平庸，不想成为失败者，那你就要有勇气面对压力，并学会感谢压力。

压力是人生中的一剂高效的催化剂。它既在鼓励你成功，又在逼迫你成功，让你没有选择不成功的余地。它带给人的，不仅仅是痛苦，更多的是激发出人类的潜能，从而催人更加奋进，最终创造出生命的奇迹。

有位名不见经传的年轻人，第一次参加马拉松比赛就获得了冠军，而且还打破了世界纪录。

当他冲过终点时，记者蜂拥而上，不断地追问：“你怎么会取得这么好的成绩？”

年轻人气喘吁吁地回答：“因为我的身后有一匹狼。”

所有的人听后都惊恐地回头张望，但并没看到他身后有什么可怕的东西。

这时他继续说：“三年前，我在一座山林间练习长跑，每天凌晨教练就喊我起床练习，但是尽管我用尽全力，也总

是没有进步。

“有一天清晨，在训练途中，我忽然听到身后传来狼的叫声，刚开始声音很遥远，可是没几秒就已经来到我的身后。当时我吓得不敢回头，只知道拼命奔地跑。于是，那天我的速度居然是最快的。”

年轻人顿了顿，又说：“回来后教练跟我说：‘原来不是你不行，而是你身后少了一匹狼！’我这才知道，原来根本没有狼，狼的叫声是教练伪装出来的。从那以后，只要训练时，我就想着身后有一匹狼正在追赶我，包括今天的比赛，那匹狼仍然在追赶着我，我必须战胜它！”

我们每个人都和这位年轻人一样，有着自己的人生目标。可是，我们的身后有“狼”吗？这只狼对于我们来说实际上就是压力。如果在人生路上毫无压力、过于安逸，那么我们注定一生平淡、碌碌无为；如果有只“狼”在我们身后追赶着、逼迫我们前进，我们势必会攀上人生的高峰。

所以，虽然在生活中我们经常会遇到挑战和压力，但这些压力并没有让我们颓废，反而是让人的意志变得更加坚强，性格更加成熟，能力更加出众，从而超越自己，更快地实现梦想。因此，从现在起，正视压力并感谢压力吧，只有将压力变为动力，才能在时间的无涯荒野里种下自己的理想之树，随着生命的律动，收获春华秋实。

当然，凡事都有度，我们也要将压力控制在一定的范围

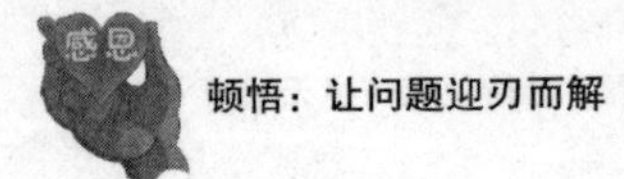

内，因为人生就好像一根弦，太松了，弹不出优美的乐曲；太紧了，又容易断裂。唯有松紧合适，才能奏出舒缓且优雅的乐章。适当的压力，不仅是我们成长的必备养分，也是成就我们亮丽人生的重要元素！

善待你的目标，一生为理想奋斗

人生在世，要有一番成就，就必须有目标。卡耐基的一份调查或许能够说明问题。卡耐基曾对世界上1万名不同种族、年龄与性别的人进行过一次关于人生目标的调查。他发现，只有3%的人有明确的目标，并知道怎样把目标落实；而另外97%的人，要么根本没有目标，要么目标不明确，要么不知道怎样去实现目标。可见，目标在人生价值实现的过程中的重要性。但我们还需要明白，有目标就有动力。那么，什么是我们为目标奋斗的动力呢？是感恩！比如，工作中，如果我们不懂感恩，工作只为薪水，那么，我们的工作又怎么会有成效呢？而如果我们抱着感恩的心态，感谢来之不易的工作机会，并把工作放在积累工作经验、提升个人职业素养的高度上，那么，我们就会以另一种心态来对待工作：每一天，我们都会尽心尽力地工作，每一件小事情，都会力争高效地完成。

曾经有一名小学教师黄某，有一个梦想，就是要建一个教育网站。但他知道这个梦想是很难实现的，因为首先从资金方面看，就是个很大的问题。他初步估计，最起码需要500万元。这对于一个工薪阶层的人来说，简直难如登天，但他并没有放弃，在平时还是不断积累这方面的知识。

一个偶然的机会，他所在班级的一个学生家长陈先生请客吃饭，此人是一个企业的董事长，闲谈中得知了他的梦想。

“这需要投资多少钱？”“500万元吧。”陈先生点了点头，没再说什么。可是没想到，时间不长，陈先生却主动找上门来，说：“我给你500万元，你来做吧。”真是天下掉馅饼，黄某有点蒙了，最后他听清楚了，500万元的投资，赚了共享受益，赔了一分钱不用他还。这还有什么可说的，于是，黄某开始了自己的创业历程。但创业远没有他想象的那么简单，运营中，500万元很快没了。陈先生得知后，二话没说，在这个过程中，他从朋友那儿引进了500万元投资，全部投入进来。做完了这一切，他对黄某说：“现在我把我的钱交给了你，你就看着办吧。”有了强大的资金支持，黄某再也没有了后顾之忧。果然，黄某不负所望，一年的时间内，一个涵盖中小学全部课程内容的数字化教育资源网站终于打造成功了。不仅收回了成本，还净赚一千万元。当金融危机席卷全球的时候，他们的产品却卖得红红火火，销售额翻了几倍，生意做得顺风顺水。

到了收获的时候，有人开始很佩服陈先生的眼光，就问他，当初怎么敢把500万元交给一个谋面没几天的毛头小伙子呢？陈先生笑笑说："因为黄先生是一个懂得感恩的人。刚开始，我了解到他是一个淳朴的人，但后来我又提了一个要求，就是让黄老师带我到他老家去看一看，我想知道他在家乡那边为人怎么样。他真的很孝顺父母。那天我很早就起来了，看到黄老师的父母已经把家里打扫得非常干净，东西摆放得也很整齐，我感觉他们一家人做事都是很有条理的。黄老师也早起来了，帮助父母收拾屋子，没有因为远道回家睡懒觉。从他的父母那里，我听到黄老师还为他们在县城里买了一套房子，这让我非常意外，因为他只是一个老师，收入并不高，参加工作时间又不长，还没有真正赚到钱就给父母买房子，这是很少见的。当时我觉得他对父母很孝顺，这绝不是装出来的，否则他一定不会去买房子。"

从这个创业故事中，我们可以看出，黄某能克服困难，最终完成自己的创业梦，取得事业上的成就，就是因为他懂得感恩。陈先生二话不说，投入大量资金，对其有知遇之恩，让其渴望回报，这就是他努力的动力，最终，他成功了。

我们要和故事中的黄某一样，以感恩的心态对待父母，对待朋友，对待人生，只有这样，才能找到实现人生目标的

动力。其间，就算被困难压倒，我们也会拍拍身上的尘土，忘记身上的伤痛，继续前进……拥有这样的心态与毅力，成功最终会向我们招手，我们也一定能够迎接到光明。

一个创业的老板深有感触地说："过去我为别人工作，现在是为自己打工。那时总认为老板太苛刻，现在却觉得员工太懒惰，缺乏主动性。其实，什么都没有改变，改变的只是看待问题的方式。"

所以，无论你从事什么，每天带着一颗感恩的心去工作，你就会热爱你的工作，你就会多花时间在工作方面，而且还会力求完美，再创佳绩。此外，我们工作时的心情自然也是愉快而积极的，由此，我们的人生积淀也会越来越深厚，越来越丰盈。

与人为善，它让你看到世间的美好

有人说，人生是一次长途跋涉，旅途中常常有曲折和险阻，甚至会陷入人生的低谷，被人攻击、嘲笑、讽刺。此时，对于世事，我们可能觉得世态炎凉，甚至失去对人生的希望，开始抱怨、痛恨……但这种消极的处世态度又有何用呢？能改变他人对你的看法吗？不能！相反，如果我们始终抱着感恩的心态，那么，我们看到的就不仅仅是人情的冷

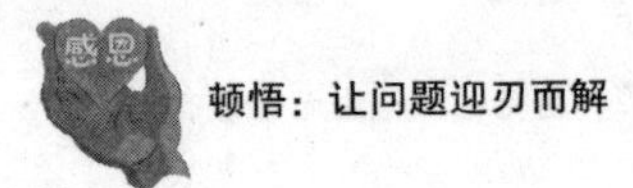

暖，还有与之一起并存的美好，因为没有他人的贬低，你就无法看到自己的不足，也就无法完善自己，无法激发自己不断奋进的心。所以，无论遭受怎样的苦难，我们都应该心怀感恩，感恩是一种处世之道，它能让我们看到世间的美好。

其实，很多时候，我们在面对他人的责难与攻击时，最需要超越的就是自己心灵的局限。如果能以感恩的心态面对一切，就能突破心灵的桎梏，排解所有的痛苦！

日本著名的丰田汽车公司的缔造者石田退三，幼年时家境贫穷，没钱上学，他只能到京都的一家洋家具店当店员。在家具店工作了8年后，由朋友的母亲介绍，到彦根做了赘婿。入赘后，他才知道太太家没有一点财产，这让他感到有些失望。

贫困的生活是很无奈的，他只能将新婚太太留在彦根，一个人到东京一家店里当推销员。所谓的推销员，其实就是推着车子去推销货品的小贩。这样咬紧牙关干了一年多，他的身体终于支撑不住了，无奈之下他离开这家店回到妻子家。

然而，在这里等着他的并不是温暖和安慰，而是鄙视的目光和令人难堪的日子。“你真是个没有用的家伙！”周围人看他的目光是如此，岳母更是丝毫不留情，她说：“你是我见过的最没有用的人！”这些羞辱几乎气得他眼前发黑，几近晕倒。步履艰难地过了几个月后，他终于承受不了这些

沉重的压力，被逼得想通过自杀来解脱。

他抱着黯淡的心情，前去琵琶湖自杀时，却忽然间恍然大悟。他猛然地抬起头来，想到："像我如此没有用的人应该非死不可。但如果我真有跳进琵琶湖的勇气，为什么不拿这勇气来面对现实，奋力拼搏，打开一条出路呢？我应该尽自己最大的努力，奋发图强，克服重重困难，用坚定的毅力做出一番轰轰烈烈的事业来！"

这个想法让石田勇敢地站了起来，一股强大的力量仿佛在他体内激荡着。他不再满脸愁容，不再想着用自杀来逃避现实了，而是搭上了回家的火车。从此，他不再自怜自叹，他托朋友介绍自己到一家服装商店当店员。在这儿，他重新鼓起奋斗的勇气，将忧愁化为力量，用坚定的毅力承受来自各个方面的压力和打击。

当他40岁那年，他到丰田纺织公司服务。他不怕艰难，刻苦奋斗，全力以赴地投入工作。对他处事得当的能力、一丝不苟的精神，丰田公司的创业者丰田佐吉大为赏识。在石田50岁那年，丰田派他担任汽车工厂的经理；53岁时，公司将经营的大权交给了他。

正和石田后来回忆的一样，人生就是战场，在这个战场上打胜仗的唯一法宝，便是斗志和毅力。"我要感谢那些曾经给过我压力的人，和曾经光顾过我的困难。如果没有它们，我不会有今天。"的确，对于石田来说，他的人生转机

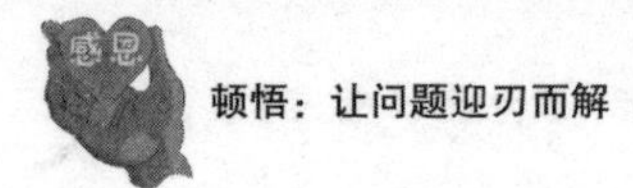

就来自他对周围人那些目光的反省，如果没有那场自杀，让他清醒地认识到了毅力的重要性，石田退三恐怕早就命沉琵琶湖了，哪还会有今天在丰田取得的卓越成就呢？

所以，当我们发现周围异样的眼光时，不妨换个角度看人生，这是一种大智慧。当然，换个角度看待人生，这并不是一句“口头禅”，说起来容易，做起来却是件难事。它不仅仅是身体方位的改变，也不仅仅是空间、时间的转换，而是人的心灵和思想观念的转换。

不经历风雨，怎能见彩虹？不经历寒冷，怎知道温暖？生活中的人们，从现在起，不妨抱着一种感恩的心态处世吧，感谢别人给予的嘲笑、讽刺、责难甚至攻击吧，把它们当作是上帝赐予的礼物，以感恩的心寻找生活中的阳光和希望！

点燃激情，唤醒内心的使命感

身处一定的社会集体中，我们都有自己的使命与责任。可是，生活中，由于缺乏感恩意识，我们时常会忘记自己的使命。因此，我们要重新树立起自己的感恩之心，用感恩之心唤醒内心的使命感。

微软发展到现在，已经成为拥有8万多员工的大企业

了。在公司中，盖茨的领导力发挥了重要的作用。他独特的人格魅力，他所创造的积极勤奋的工作氛围，吸引了全球软件行业的顶尖人物纷至沓来。虽然他们个性迥异，但是他们对盖茨的感恩、对工作的勤奋是相同的，如果没有他们，那么微软在30年的发展历程中时刻都有可能分崩离析。

微软公司内部早已营造出一种“工作第一，以公司为家”的气氛，当年盖茨本人对工作的狂热和勤奋也带动了员工的工作激情。大家都是没日没夜地干，甚至可以一连几天都不休息。人们也经常看到盖茨加班工作，与员工一起讨论公司的经营计划，并经常鼓励员工要突破障碍，努力进取。对于表现出色的员工，盖茨也会给予高额的物质奖励，以及精神上的鼓励。这让员工自身的价值得以体现，员工对微软和盖茨都充满了感恩之情。而这种感恩，又会带动员工的积极性和工作热情。面对困难时，一个员工可能难以解决，但是多个员工同心协力，困难就会很容易被瓦解。

如今的盖茨已经辞职了，但他为微软创造的价值以及为微软员工带来的影响，却是深远而意义非凡的。正是他站在员工们的前面，为员工做榜样，才让更多的微软人找到了归属感，让员工真正体会到微软不只给员工发薪，还关注员工未来的发展以及他们的家庭，从而使员工心怀感恩，更乐于勤奋工作。

的确，一个人只有心怀感激，有一种使命感，才能投入

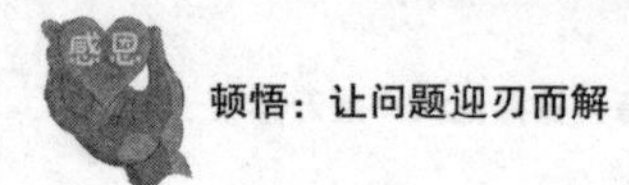

全部的激情面对生活、努力工作，这样才能高效、出色地完成任务，即使是遇到什么困难和压力，都能不断寻找解决的方法，赢得成功！

而在我们的现实生活当中，有很多人，并不是缺乏知识和能力，而是缺乏感恩之心，对自身工作没有一种使命感，抱着得过且过的心态，结果使得知识和能力也难以发挥出来，最终也只能白白浪费他们具备的知识和能力，一生碌碌无为。

有一块石头被刻成了神像，然后被抬到庙里去供奉，受到人们的跪拜。后来，人们把庙宇改成了别的用场，这个神像也就用来垫墙脚了。

“我真不幸，怎么会碰上这么倒霉的事！”石像抱怨着，“让我来垫墙脚，真是大材小用！”

而另一块垫墙脚的石头却说：“我很感激能有这样一个位置。要知道，能够踏踏实实地做一些对人们有益的事，比做一个高高在上、光摆架子，却没有一点用场的石像，要有意义得多！”

从这个寓言故事中，我们可以得出启示，只有心怀感恩的人，才能视万物皆为恩赐；也只有当我们心中充满了感恩之情时，我们内心的使命感才会被激发出来，世界也才会变得美好无比。

心怀感恩，激发出自己的使命感，并勤奋向上，我们

同样能活出别样的人生！要知道，精彩的人生，不是在安逸的空想中度过的，而是由勤奋带来的，安逸只会磨灭人的斗志，我们只有明白幸福的生活来之不易这个道理，才能满怀感激地面对人生！

因此，如果你不是个天才，要想走出一条完美的人生之路，就必须懂得感恩，有勤奋的美德，从而满怀激情地去做好每件事。这样才能找到更多的乐趣，获得更大的成功！

敢于放弃，重组你的人生

智者说："有的东西在你想要得到又得不到时，一味地追求只会给自己带来压力、痛苦和焦虑，这时，请放弃它。"在这个世界上，存在着许多的诱惑，其中有可能是金钱，有可能是地位，有可能是权力……诱惑越多，心中欲望便越多，久而久之，这种欲望就会变成一种负担，会阻碍我们获得成功。在更多的时候，我们会感觉筋疲力尽，我们的心灵落满了尘埃，并且被禁锢得太过寂寞，这样会逐渐损害我们的健康。所以，面对生活的诸多诱惑与欲望，我们要适当放弃，只有有所放弃，才能简化生活，也才能够轻装上阵。感恩生命，使我们的心灵不至于太过沉重，只有敢于放弃一些东西，我们才能收获真实的自己。

有一个聪明的年轻人，很想在一切方面都比别人强，他梦想成为一名大学问家。可是很多年过去了，他在其他方面都不错，但学业方面却没什么进步。他很苦恼，就去向一位大师求教。

大师说："我们登山吧，到山顶你就知道如何做了。"那座山上有许多漂亮的小石头，煞是迷人。每当看到自己喜欢的石头，大师都让年轻人装进袋子里背着，很快他就吃不消了。年轻人疑惑地望着大师："大师，再装，别说到山顶了，恐怕我连动都动不了了。"大师微微一笑说："是啊，那该怎么办呢？该放下，不放下背着石头怎么能登山呢？"年轻人一愣，忽觉心头一亮，向大师道谢后走了。后来，年轻人一门心思做学问，进步飞快。

莎士比亚曾经说过："倘若没有理智，感情就会把我们弄得精疲力竭。为了制止感情的荒唐，所以才有智慧。"在漫长的人生路上，偶尔也会长出一些杂草，侵蚀着美丽的心灵花园。权力的诱惑、酒色的幽香、人事的纷争，这些毒瘤时时刻刻在危害我们的心灵健康，让心灵变得沉重。面对这些，我们要感恩生命，敬畏生命，放弃侵蚀我们心灵的杂草，执着于我们对理性的追求。对那些得不到或者不应该得到的东西，我们就应该选择果断放弃。敢于放弃，是一种勇气，同时，也是一种自我调整，它帮助我们再次明晰了生命中的价值所在。

在墨西哥的海岸边，一位美国商人和渔夫交谈了起来，美国商人对墨西哥渔夫能抓到这么多的鱼恭维了一番，并问他要多少时间才能抓这么多。墨西哥渔夫说："不一会儿就抓到了。"美国人再问："你为什么不待久一点，多抓一些鱼呢？"墨西哥渔夫觉得不以为然："抓那么多有什么用呢？这些鱼已经足够我一家人生活所需啦！"

美国商人又问："那么你一天剩下那么多时间都在做什么？"墨西哥渔夫说："我每天睡到自然醒，出海抓几条鱼，回来后就和孩子们一起玩，然后再跟老婆睡个午觉，黄昏时晃到村子里喝点小酒，跟哥儿们玩玩吉他，我的日子可过得充实又忙碌呢！"

美国商人不以为然，他说："我觉得你应该每天多花些时间去抓鱼，这样你以后就有钱去买条大点的船，再买更多渔船。然后你就可以拥有一个渔船队，到时候你就把鱼直接卖给加工厂，之后自己开一个加工厂。然后，你就能离开这个小渔村，搬到墨西哥城，再搬到洛杉矶，最后到纽约，在那里经营你不断扩充的企业。"

墨西哥渔夫问："这要花多少时间？"美国人回答："大约15年到20年吧！"墨西哥渔夫问："然后呢？"美国人大笑着说："然后你就是富翁啦！"墨西哥渔夫问："再然后呢？"美国人说："再然后你就可以退休啦！你可以搬到海边的小渔村去住，每天睡到自然醒，出海随便抓几条

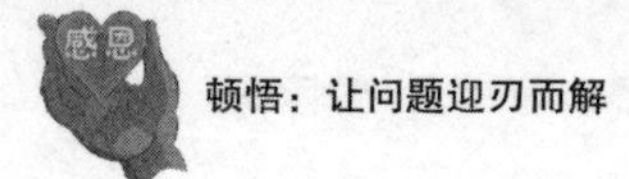

鱼，跟孩子们玩一玩，再跟老婆睡个午觉，黄昏时晃到村子里喝点小酒，跟哥儿们玩玩吉他呀！”墨西哥渔夫说：“可是我现在就在过这样的生活啊！”

有人说：“我以一生的精力去做一件事，十年，二十年……再笨也会成为某一方面的专家。”可是，如果这条路并不适合自己，怎么办呢？其实，在某些时候，所谓的自信和执着也会变了味道，它们逐渐成为自负和执拗，除了蒙蔽心灵、增加负荷，我们得到的是更加迷茫。有些东西根本就不属于我们，我们就应该选择放弃，一味地苦苦挣扎只会给自己带来更大的压力和焦虑。放弃是一种智慧的选择，所以懂得放弃，学会感恩，我们的生命之花才能绚烂绽放。

分担痛苦便是共享快乐

哲人说：“痛苦是一碗茶，快乐是一壶水。”如果我们把人生的一时痛苦看作一碗茶，不时地向茶中加入快乐之水，哪怕是一碗苦茶，也会渐渐变淡。痛苦是人生必然的体验，如果没有痛苦，人的心灵永远都无法成熟，无法感知到生命的重量，也就更加体会不到快乐了。在人生道路上，学会承受痛苦，而不是抱怨生活，否则很有可能我们会在痛苦

中迷失方向。学会承受痛苦，我们会在承受痛苦的过程中，体味到生命的尊严与价值，尔后，释怀痛苦，以快乐化解痛苦，我们的人生才会走向精致和成熟。那么，若是生活跌入了痛苦的深渊，也不要抱怨，不要悲伤，要感恩生命给予我们的道路，用快乐的心灵之水，冲淡生活中苦涩之茶。

一身华丽打扮的中年妇人走进城郊的寺庙里，她最近总是失眠，无论面对多么鲜美的饭菜都没有胃口，浑身乏力，做什么事都没有激情，很想了却尘缘，遁入佛门……方丈是个懂得医术之人，他听那位妇人描述完后，便说："不忙，老衲先给施主把把脉如何？"妇人点头应允。切完脉，观完舌苔，方丈微微一笑："施主只是心中有太多的苦恼事，体有虚火，并无大碍。"顿了一下，方丈又接着说："只是施主心中藏着太多烦恼而已。"中年妇女一被点醒，心里暗叹神奇，便把心中所有事情逐一向方丈说明。方丈很随意地跟她聊着："你家相公与施主感情如何？"妇人脸上有了笑容，说："感情很好，耳鬓厮磨十几年从未红过脸。"方丈又问："施主膝下有无子女？"妇人眼里闪出光彩，说："一个小女，很聪明，也很懂事。"方丈又问："家里的布匹生意不好吗？"妇人赶忙摇头说："很好，家里的生活算得上是镇上的富人家了……"方丈铺开纸墨，边问边写，左边写着她的苦恼之事，右边写着她的快乐之事，然后把写满字的这张纸放到妇人面前，对妇人说："这张纸就是治病的

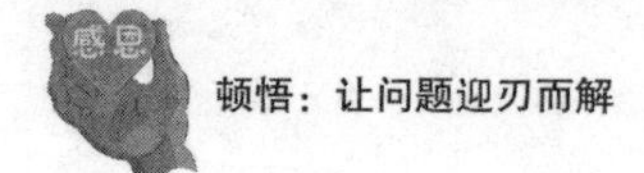

药方。你把苦恼之事看得太重了，忽视了身边的快乐。”说着，方丈让徒弟取来一盆水和一只猪苦胆，把胆汁滴人水盆中，浓绿色的胆汁在水中淡开，很快就不见了踪影。方丈说：“胆汁入水，味则变淡。人生何不如此？施主，不是您承受了太多的苦痛，而是您不善用快乐之水冲淡苦味啊。”

在生活中，如果不懂得感恩生命，把那些苦恼看得太重，忽视了生命的真正价值，痛苦就会降临。有时候，当我们在为琐碎小事而痛苦失落的时候，其实快乐就在我们身边。如果我们把全部的精力和心思都放在那小小的痛苦之上，痛苦就会被无限放大，占满了心灵，那快乐就难以驻足停留了。

在一座寺庙里，有两个和尚从小就干着挑水的工作，十几年如一日，随着庙里和尚的增多，他们肩上的担子越来越重。

然而，做同一个工作，一个和尚挑完水之后只是轻喘几口气，而另一个挑完水之后却总是痛苦无比，左肩膀变得红肿。满脸愁云和苦状的这个和尚暗想：瞧他那身板也没有我的健壮，况且挑水的桶也不比我的桶小，可为什么他挑一担水若无其事而我挑一担水累得要死？

那个和尚也对这个和尚的痛苦感到奇怪，就让他走前头而自己走在后面仔细地观察。很快，在挑着水走到半山腰的时候时，那个和尚终于找到了其中的原因，就赶紧喊住他

问：“哎，你怎么不用两个肩膀轮换着挑水呢？”

“用两个肩膀轮换着挑水？”听了这话，这个和尚顿时愣住了。

“是呀，人有左右两个肩膀，你怎么只用自己的左肩膀挑水呢？”那个和尚边说边挑起自己的水桶，“你瞧，我现在用左肩膀挑水，如果左肩膀累了，就把水桶换到右肩膀上去。如此来回地轮换着，肩膀又怎么会红肿呢？”

这个和尚恍然大悟：是啊，人有两个肩头，怎么能把担子老放在一个肩头上呢？于是，他也试着边走边不停地换肩挑，还是那么长的山道，还是那么重的一担水，但他的肩膀却不再疼痛难忍了。

悲观的人会把幸福看作是悲剧，乐观的人会把痛苦看作是喜剧。敬畏生命，一切才变得有了意义；感恩生活，人生才变得有了价值，冲淡了的苦涩之茶会变得愈加甘甜。

选择积极，一些事情就会变得顺利

我们每个人，无论做什么事，都希望一帆风顺，但事实上，这只是我们的美好愿望，我们不可避免地要接受各种挑战和压力。但我们同时也会发现，那些懂得感恩的人，总能如一句古语所说“得道多助”，即使遇到再大的困难，也会

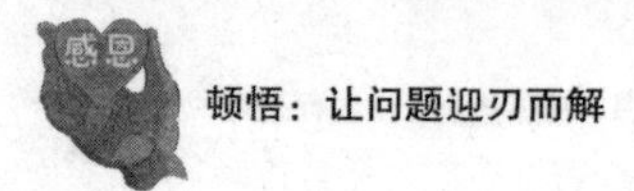

迎刃而解。

生活中，当我们痛恨人生的过多磨难时，当我们感慨着人走茶凉时，当我们诉说着痛苦委屈时，我们可曾想过，当别人对我们施以帮助的时候，我们是否曾经加以感谢呢？

有位中国留学生，在刚到澳大利亚时，为了能够找到一份糊口的工作，他骑着一辆破旧的自行车沿着环澳公路走了数日。替人放羊、割草、收庄稼、洗碗……只要能挣到一口饭吃，他就会暂且停下疲惫的脚步。

一天，在一家餐馆打工的他偶然间看见报纸上刊出了澳洲电讯公司的招聘启事，他就选择了线路监控员的职位去应聘。过五关斩六将，眼看他就要得到那年薪3.5万澳元的职位了，没想到招聘主管却给他出了一道难题："你有车吗？会开车吗？我们这份工作要时常外出，没有车寸步难行。"

澳大利亚公民普遍都拥有私家车，没车的人简直寥若晨星，可这位留学生初来乍到还真就没有车。但是，为了能争取到这个极具诱惑力的工作，他不假思索地回答："有！我会开车……"

"那么四天后你就开着车来上班吧。"主管说。

四天之内不仅要买车，还要学会开车，这谈何容易！但是为了生存，他只好孤注一掷了。

回去后，他向一位华人朋友借了500澳元，从旧车市场

买了一辆外表丑陋的“甲壳虫”，然后开始学开车了。第一天，他跟华人朋友学简单的驾驶技术；第二天，他在朋友屋后的那块大草坪上摸索练习；第三天，他就能歪歪斜斜地开着车上公路了；第四天，他居然驾车去公司报了到！

后来，他终于成了澳洲电讯公司的一名业务主管。

我们可能都会感叹这名留学生拥有敢于置之死地而后生的勇气，他大胆地抓住了这次难得的工作机会。但仔细看来，我们会发现，他有如此把握，进行生死一搏，关键在于他得到了朋友的帮助，假如他的朋友不为他提供500澳元的借款，他就没有买车的可能；假如他的华人朋友不教他驾车技术，他更不可能学会驾驶。可见“朋友多了路好走”这句话在其身上有了更为明显的体现。由此我们可以判断出，这位留学生一定是个有着良好人际关系的人，也因此在关键时刻，他才能得到朋友的帮助。

然而，我们怎样才能得到更多人的帮助呢？唯有感恩！感谢你的亲人，感谢你的朋友，感谢你的同事！以感恩的心态与周围的人相处，并付诸实践，不忘每天对他们说声“谢谢”，回报他们施以的任何一个小小的恩惠。这样，我们的人生之路才会走得越来越宽。

的确，在通往成功的道路上，很多满怀斗志的人总是会大声向世人宣告：“我要改变这个世界，我要在这个行业干出一番伟绩……”口号虽无比响亮，但结果也许是悄然无声的黯淡。因为他们发现，一个人的力量总是渺小的，当初的激情已经褪去了颜色。倘若他们能在平时用一种感恩的心态处世，那么，也不会在关键时刻无人相助。

所以，我们要想改变世界、获得成功，就必须抱着感恩的心态，在平时就要累积自己的人脉，获得良好的人缘。关键时刻，你的努力就会起到作用，那么挫折和困难也会迎刃而解。

每一个人都自成为一个世界。在努力改变世界之前，不妨先审视自己的天空，看看是否少了许多美丽的云彩。我们不要总是抱怨人走茶凉，在指责别人冷漠前，先严格反省自己，如果我们缺乏一颗感恩的心，又怎能要求别人容纳我们、接受我们进而帮助我们呢？如果你能做到心态上的自我突破，那么，你的世界也会变得格外清新，前进的道路也都会变得顺畅得多！

第3章

做人感恩，端正自己缔造幸福人生

卢梭说：“没有感恩就没有真正的美德。”在生活中，有无瑕的快乐，也有苦痛和悲伤，然而，对于人们来说，快乐不常在，悲伤却常常找上门，那么，如何面对那些悲伤呢？有人对它充满了憎恨，有人却为此感激不已，前者在悲伤中度过余生，后者却能战胜内心悲伤，重新振作起来。或许，只是一块小小的明矾，就能沉淀出水中所有的渣滓，那么，在心中播撒感恩的种子，一样可以帮助我们沉淀出许多的悲伤。常怀一颗感恩的心，我们会发现人生是如此精彩！

活着就是最大的幸福

经常有人发出这样的感叹：为什么我不能成为李嘉诚，为什么我注定成为一个籍籍无名的小人物，甚至我连周围的同事和朋友都不如，我是如此平凡，没有一种能拿得出手的技能，我是如此平庸，没有一份体面的工作，也没有过人的容貌，我真是一无是处。

你是否也会有如上面那样的想法，是否也对现在的生活感到不满，对平凡的生活感到厌倦？来看这样一个故事吧。

有一位青年，总是抱怨自己时运不济，发不了财，终日愁眉不展。

一天，走来一位须发皆白的老人，问道："年轻人，你为什么看起来不快乐呢？"

"我不明白，为什么我总是这么穷？"

"穷？你很富有嘛！"老人由衷地说。

"富有？这从何说起？"年轻人不解地问道。

老人反问道："假如现在斩掉你的一根手指头，给你

1000元，你愿意吗？”

“当然不愿意。”年轻人回答。

“假如斩掉你一只手，给你1万元，你愿意吗？”

“不愿意。”

“假如让你双眼都瞎掉，给你10万元，你愿意吗？”

“不愿意。”

“假如让你马上变成80岁的老人，给你100万元，你愿意吗？”

“不愿意。”

“假如让你马上死掉，给你1000万元，你愿意吗？”

“不愿意。”

“这就对了，你已经拥有超过1000万元的身价了，为什么还哀叹自己贫穷呢？”

年轻人愕然无言，突然什么都明白了。

看完这个故事，你明白了吗？什么是富有，活着就是一种富有。生命是这个世界上最有价值的东西，你已经拥有了生命就是拥有了征服世界的本钱，还有什么可抱怨的呢？

当我们没有遇到痛苦和灾难的时候，往往体会不到生命的可贵，然而如果像那个老人所说的一样，用金钱去换取你的身体和生命时，你就会发觉，生活再平淡，人生再平凡，只要活着，一切都好。

很多人感到不快乐，不堪忍受生活的折磨，其实所谓

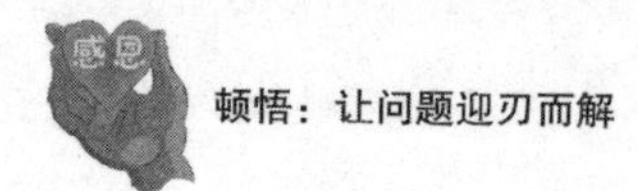

快乐，就是对自己拥有的一切心存感恩，所以活着就要用心去体味生活中一点一滴的美好，只要有心，生活处处都是快乐。

早上睁开眼睛，如果你发现自己还可以自由呼吸，你就比这一天离开人世的100万人更有福气；如果你发现自己还能够看到初升的朝阳，你就比全世界1.8亿的失明者更幸福；如果你打开房门，还能看到父母为早餐忙碌的身影，你就该庆幸自己是这个世界上最幸运最富有的人，因为爱你的人还在你的身边！

如果你从来没有经历过战争、地震、火山爆发或者海啸，没有受到过非人的折磨和濒死的痛苦，没有食不果腹、忍饥挨饿过，那么你已经比全世界5亿人都要幸福了。

如果你的爱人还在你身边，如果你的孩子还调皮得让你头疼，如果你有一个能够让你靠一靠的肩膀，有个愿意接纳你的怀抱，那你已经实在太富有了。

当然，这一切都源于你健康的生命，如果现在的你还能够抬起头，还能够拥有感恩的心，脸上带着感激知足的微笑，你便是真正的富有，因为这个世界上绝大多数人能够这样做，但是他们没有。也因此，你便是这个世界上最与众不同的那一个。

拥有这么多，你还会说自己不富有，还会抱怨生活平淡，还会觉得活着没有意思吗？

无论你是怎样的一个人，无论你是二十几岁、三十几岁，你的成长都离不开父母抚养、培育，离不开朋友的陪伴、鼓励，离不开老师的引导、教诲，在你成长的过程中，你已经拥有了很多很多。

还记得妈妈教你的第一首儿歌吗？

还记得爸爸第一次给你买玩具吗？

还记得第一次和小朋友打架，号啕大哭吗？

还记得第一次生病，父母没日没夜的照顾吗？

还记得第一次上学，死活都要回家吗？

还记得第一次被老师表扬之后，兴奋好几天吗？

还记得看到喜欢的人，心潮澎湃却害羞地不敢和对方说话吗？

还记得应聘第一份工作时那种紧张不安吗？

人生中的那么多回忆，有几个不是出自平淡生活之中呢？一个人能够健康平安地长大，这本身就是一件值得感恩的事。在我们的成长过程中，时刻不能忘记感恩，不仅对陪伴和照顾我们的人感恩，也要对我们的敌人感恩，因为是他们让我们知道了有敌人的感觉。当然，我们存活于世界，吃过的食物、用过的物品不计其数，对于世界给予我们的一切，都要知足感恩。

因为有了生命，你很富有；因为活着，你体味到了生命的美好，你该感恩，所以让我们感恩生命，感谢生活，好好

活着，体味平凡中的富有！

真诚是做人的坚实力量

一位贫穷的妇女带着孩子走在大街上，突然，孩子被摄像机迷住了，他拉着妈妈的手说："妈妈，让我也照一张相片吧！"妇女弯下腰，拍了拍孩子身上的尘土，笑着说："还是不要照了，你的衣服太旧、太破。"孩子沉默了，片刻之后，他抬起头来对妇女说："可是，妈妈，我还是会面带微笑的。"人生何尝不是这样呢？即使遭遇了不幸，只要依然面带笑容，一切都会过去的。生活不相信眼泪，也从来不会败给眼泪，它只相信那些心怀感恩、顽强拼搏的人。所以，无论生活给我们带来多么巨大的痛苦，请不要让眼泪蒙住自己的心灵，积极调整心态，感谢不幸，感谢痛苦，用快乐化解痛苦，以勇气战胜不幸。

有一个老爷爷，看到一个小女孩趴在窗台上伤心地哭，就问小女孩怎么了。小女孩说她看到一只鸟儿死了，老爷爷安慰她说："孩子，你打开另外一扇窗。"孩子打开了另一扇窗，很快就笑逐颜开了。原来，另一扇窗户的下面是一片盛开的鲜花，小女孩的心情像鲜花一样舒展开来。其实，生活就如同一面镜子，你对它笑，它也对你笑；反之，你对它

哭，它也对你哭。

有一位农村妇女，因为患了乳腺癌，不得不将左乳摘除。伤口痊愈后，她下地走路时奇怪地发现，自己的身体竟不自觉地向右边倾斜起来。她稍一愣怔后便明白了：也许是自己乳房比较大且重的缘故，少了一只左乳后，身体也失去了原有的平衡。而且，更令自己苦恼的是，自己的胸前左边瘪塌塌的，右边却鼓囊囊的，极不对称，穿起衣服来很是别扭、难看。可是，她又没钱买义乳，怎么办呢？

她决定自己做一个，从家里搬出芝麻、蚕豆、玉米、小麦、绿豆等种子，分别向乳罩左边的罩口里装满一种种子，然后再缝合罩口，戴在身上测试一下身体的美观及平衡效果。最后，她觉得绿豆作为乳罩的填充物比较合适。初次戴上"绿豆乳罩"，她很兴奋似乎自己又找回了曾经的那份自信与美丽。

过了许久，一天晚上，当她摘下乳罩准备睡觉时，惊讶地发现乳罩里的那些绿豆竟发芽了！新的难题出现了：怎样才能让绿豆在自己的体温下不会发芽呢？第二天，她就把那些绿豆炒熟了，然后再放进乳罩里……可问题又来了，自己身上始终有一种熟绿豆的香味。只要她一出现在人群里，人家总会耸着鼻子闻，然后好奇地问：谁兜里揣着熟绿豆？快点拿出来让大家尝尝……

后来，经过多次试验，她找到了一个折衷的良方：在

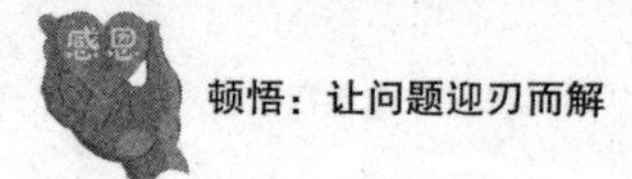

炒绿豆时掌握好火候，仅把绿豆炒到七八成熟的样子。这样绿豆放入乳罩里既不会发芽，也闻不到香味。一家女性刊物的记者知道此事后，很感兴趣，便大老远地赶来采访这位村妇。采访临近尾声时，记者提出要给她拍几张照片。这让这位村妇一下子激动得满脸通红，因为在那个偏僻的山村里，她几乎没有照相的机会。她习惯性地抻抻衣角、捋捋头发，然后站在一株从石缝里长出的芍药花旁，郑重而优雅地摆出了一个个美丽的姿势。望着镜头里那张自信而美丽的笑脸，泪水模糊了记者的视线……

后来，这位记者在她的文章中写道："我是怀着一种敬仰和感动的心情对她进行采访的……这样一个在贫困交加的境地里挣扎的女人，依然向往美丽，顽强地追求着美丽，她今后的生活一定会好起来的，就如同她拥花而卧的那张美丽的照片。因为她的精神不败，我坚信，仅凭这一点，足以让她战胜人生中所有的悲伤和苦难！"虽然她遭遇了痛苦，但是却依然感恩生命的美丽，坚强地挺住了，成功的秘密来源于一颗感恩的心，对生活的那份热爱之情。

智者说："生命的延续，需要我们顽强地活着。虽然屡遭痛苦，也要能够百折不挠地挺住。"人生就像是一场漫长的战役，痛苦和悲伤只不过是硝烟战火，面对重重困难，如果能以一颗感恩的心面对，那就没有不能战胜的敌人。即使有不幸降临，我们也应该充满感激，因为经历了不幸，我们

变得更加成熟、坚强。泰戈尔说过：“我们看错了世界，却反说世界欺骗了我们。”那些人生路上的失败与挫折，我们总是将之看成是巨大的痛苦，却始终不明白，是谁教会我们如何去面对。挫折与失败并不可拍，只要顽强地坚定信念，用感恩的心态去面对，它们就会产生坚实的力量，或许会成为一笔巨大的财富。因此，怀揣一颗感恩之心，在沙漠中我们的人生也将开出最绚丽的花朵！

得失坦然，去留无意

科学家爱因斯坦感言：“我每天上百次地提醒自己，我的精神生活和物质生活都是依靠别人的劳动，我必须尽力以同样的分量来报偿我领受了的和至今还在领受着的东西。我强烈地向往着简朴的生活，并且常为感觉自己占有了同胞们过多的劳动而难以忍受。”这是一段充满感恩的话，善待生活就是善待自己，只要心怀感恩，我们依然可以善待人生中的每一次失意。人生在世，不如意事十之八九，得意之时不常有，失意之时却时常有，如果我们看重每一次失意，那么伤心就会浸泡了生活。其实，失意是人生必经的磨炼过程，只要善待失意，所有的不如意都将随之消失。所以，失意时请放宽心，心怀感恩，我们依然可以重新再来。

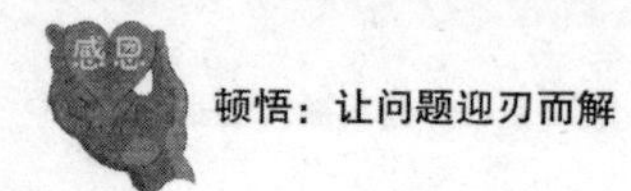

有一个男孩子，父母离异了。家庭的变故让他变得郁郁寡欢，不但学习成绩下降了，还动不动就向同学发脾气。也许是为了平衡内心的混乱，他每天吃完晚饭都会一个人在操场上转圈，一圈又一圈。谁都知道他的痛苦，可就是没有人能够安慰他。就在这个时候，班里一个不起眼的学生杰克出现在他的身边。于是，在学校的操场上经常能够看到两个并肩而行的身影。又过了一段时间，这个同学完全从父母离异的阴影中走了出来。

多年后的一次同学聚会上，杰克也来了。当大家谈论起这段往事时，杰克微笑着说："其实也没什么神秘的，你们并不知道，我的父母在我上中学时就离婚了。在那段痛苦的日子里，有我的叔叔照顾我，让我懂得感恩并坚强面对。我发奋学习，结果考上了大学。回首那段生活，我发现自己成熟了，独立了，也坚强了。我不过就是把自己的这段经历告诉他而已。"

这样的答案让所有人吃惊，因为整整四年，全班没有一个同学知道杰克的身世，而且他还一直生活得那么快乐、豁达。同学们都问他为何能做到这样，杰克说："经历了不如意，我学会了感恩生活。因为正是那段家庭变故，才成就了今天的我。"

一位乐观的老太太这样说："人生就像那红绿灯，一会儿红，一会儿又绿。红的时候，就没法动了；绿的时候呢，

就畅通无阻。有时候，远远看见那灯分明是绿的，可是等你加速到了眼前，那灯却一下子变红了。有时候是红灯变绿灯，有时候却是绿灯变红灯，但是我们最终都要离开这里，朝着更远的地方去，为什么要因为一次红灯而失意呢？”人生，就是失意与得意的交叉线，得意并不是永远的，失意却是我们不可避免的，而每一次的失意都将是人生的一次考验，经历了一次考验，我们便跨过了人生的一道坎，便成功地超越了自我。

一位从南方来的乞丐与一位从北方来的乞丐在路上相遇了。南方的乞丐惊讶地对北方乞丐说：“你真像我，我也多么像你，你的神情、服装、举止，甚至那个碗，几乎都和我的一模一样。”北方乞丐也很兴奋：“我觉得在遥远的过去，似乎早就与你相识了。”于是，两个乞丐彼此吸引，渐渐地爱上了对方。他们决定以后不再去天涯海角流浪讨饭，而是彼此依偎在一起。

有一天，南方乞丐看到北方乞丐拿着碗来找他，就问道：“我们已经在一起了，你还拿着碗乞求什么？”北方乞丐说：“这还需要问吗？我当然是要乞求你的爱啊。我知道你是爱我的，除了我之外，还有谁像我一样能与你有这么多相同点呢？”北方乞丐继续说：“亲爱的，将你碗里满满的爱倒入我的空碗里吧，让我感受你无比的温暖。”南方乞丐回答说：“我端的也是空碗，难道你没看见吗？我也想祈求

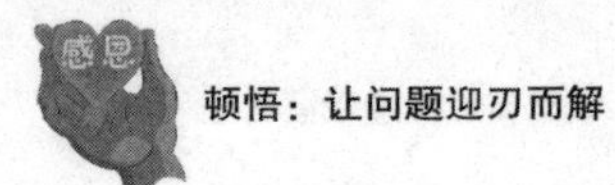

你把你的爱倒入我的空碗呢。”北方乞丐一脸狐疑：“我的碗是空的，我拿什么给你呢？”南方乞丐也很不满：“难道我的碗就是满的吗？”

智者说：“对所获得的心存感激，对该给予的积极付出，你才能走出失意，拥有精彩的人生。”在这个世界上，每个人都不是独立存在的，如果你想获得一些东西，就应该怀着感恩的心去付出一些东西。而且付出与收获在一定程度上是成正比的，你付出了多少，你就能够得到多少。我们要想在人生中获得成功，就一定要学会付出。因为怀着感恩，懂得付出，才能够引出源源不断的生命之水，帮助我们走过人生的低谷。

端正人生态度，是人生幸福的基础

叔本华曾说：“我们很少想到自己拥有什么，却总是想着自己还缺少什么！不要感慨你失去或是尚未得到的事物，你应该珍惜你已经拥有的一切。”有人曾问活到120岁的老人，长寿的秘诀是什么，老人笑了，深深浅浅的皱纹似乎也满含笑意，他说：“没有什么，只要凡事看开点。”或许，年少时的我们太猖狂，总以为人生只有甜美，可是在经历了命运的坎坷、生活的艰辛之后，我们逐渐懂得人生并不如想

象般一帆风顺，其中也有酸甜苦辣，只有放宽心胸，凡事看开点，人生才会变得更美好。否则，总是自己跟自己生气，有可能将在怨气中度过余生。其实，幸福的底线是自己界定的，它可以很高很高，也可以更低一点，将幸福的底线画得越低，我们就越容易接近幸福。

史铁生在《病隙碎笔》中这样写道："生病的经验是一步步懂得满足。发烧了，才知道不发烧的日子多么清爽。咳嗽了，才体会不咳嗽的嗓子多么安详，刚坐上轮椅时，我老想，不能直立行走岂非把人的特点搞丢了？便觉天昏地暗。等又生出褥疮，一连数日只能歪七扭八地躺着，才知道端坐的日子其实多么晴朗。后来又患尿毒症，经常昏昏然不能思想，就更加怀恋起往日时光。终于醒悟：其实每时每刻我们都是幸运的，因为任何灾难的面前都可能再加一个'更'字。"史铁生从心底深处说出了这样的话，也许我们可以理解为他一定是吃尽了疾病的苦头，懂得了感恩，所以才把幸福底线定得这么低。事实上，幸福底线本就如此低，为什么我们并没有养成每天"幸福"的习惯？

两个水手因为船只失事而流落到一个荒岛。

甲水手一上岸就愁眉苦脸，担心荒岛上没有充饥之物，没有落脚之处。乙水手却一上岸就为自己将要开始一段新的生活而欢呼。

两个人在荒岛上找到一个洞口，乙水手为今晚可以睡一个好觉而庆幸，甲水手却担心洞里面是否有野兽。乙水手安然入睡，甲水手辗转难眠，不知道明天怎么度过。

第二天，他们在荒岛上意外地发现一袋粮食。乙水手高兴得手舞足蹈，而甲水手担心怎么把生米煮成熟饭，煮出来的饭是否咽得下。岛上没有淡水喝，他们不得不喝海水。乙水手说："喝淡水喝惯了，喝喝海水换换口味。"甲水手极不情愿地把海水咽下，怨声载道。每吃完一顿饭，乙水手总是很满足地说："又过了一天。"而甲水手总是叹气："唉，假如粮食吃完了该怎么办呢？"

粮食一天一天减少，终于被他们吃完了。荒岛上还有些野果，他们把它采摘回来。乙水手说："运气真好。竟然还有水果吃。"甲水手哭丧着脸说："从来没有这么倒霉过。上帝不要我活了，竟然要吃这样的野果。"

终于野果也吃完了，他们再也找不到其他可以吃的东西了，只好挨饿。为了保持体力，他们只好躺在洞里休息。乙水手说："想不到我竟然什么也不用做还可以睡觉。"甲水手绝望地说："死亡离我们越来越近了。"

最后一刻，他们都坚持不住了。乙水手说："终于可以抛开一切烦恼，投奔天国了。"甲水手说："我还不想下地狱。"

乙水手死了，脸上挂着微笑。

甲水手死了，脸上充满悲伤。

死亡，或许是人们最后的结局，但是在通往终点的路上，人们却各有选择。乙水手心怀感恩，即使人生遭受到了巨大的打击，他依然乐观地感激每一天，因为自己还活着，正是有这样的信念，他总是能够轻易地感受到幸福。甲水手则不一样，总是为未来而担忧，患得患失，自己跟自己过不去，时刻都处于忧虑之中，最终面对死亡，他也满脸悲伤。很多时候，我们不懂感恩，总认为生活给予自己的不够多，不自觉地提高了幸福的底线，但是当我们真正意识到什么是幸福的时候，生命留给我们享受幸福的时间往往已经少得不能再少了。

亚伯拉罕·林肯曾经说过："人们如果下定决心要拥有幸福，他就会等到幸福。"经常关注杨澜博客的人会发现，她有一个特别的习惯：每天都会写下5件让自己感到幸福的事情，比如天气晴朗温暖，让人一睁开眼就有好心情；与几位朋友共进晚餐……在后面，杨澜写了这样一句话："我们从小就学习各种能力，但似乎忽视了一种最重要的能力——感受幸福的能力。"因为不懂感恩，所以我们渐渐失去了感受幸福的能力，试想，将幸福的底线画得太高，幸福还会离我们更近吗？如果每天我们将幸福的底线画得更低一点，那么幸福的指数就会一直上升，感恩也会成为一种习惯，伴随我们左右。

与人为善，让快乐如影随形

戴尔·卡耐基说：“快乐并不在乎你是谁或者你拥有一些什么，它只在乎你想的是什么。”我们常常问自己：“为什么总是不快乐呢？”其实，我们都忽略了一个问题：快乐需要理由吗？如果需要，理由是什么呢？一位百岁老人这样说：“我们每个人在每天早上都有两种选择，那就是我们今天要快乐还是不快乐，你猜猜我会选择什么？我每天都希望自己能够快乐地生活，而我也就真的会快乐起来了。”快乐，它是一份心灵的选择，如果我们一定要追根究底问快乐的理由是什么，其实，快乐是没有理由的。快乐与金钱和物质无关，快乐与地位和权势无关，它只与你内心的选择有关。如果一个人总是将自己禁锢起来，痛苦与悲伤就会袭来；相反，释放了心灵，你会发现真正的快乐是不需要理由的。

在时间的逝去中，我们渐渐失去了快乐的能力。因为我们的心灵枯萎了，我们太注重外在的东西了，以至于模糊了快乐的真正内涵。一个人只要心中怀有快乐，懂得感恩，他就已经达到了很高的境界。快乐是一种自我感觉，它可以感染别人，却从来不被任何人主宰，它只供我们自己支配。快乐，就是一种感恩，是一种把现实生活中琐碎的情感升华为美好感情的过程。

约翰逊是美国一位小有名气的学者，他经常四处讲学，

结交朋友。这一天，他来拜访一位很久不见的老朋友，吃过午饭，他们在朋友家附近的一个小公园里散步。当他们坐在一张长凳上聊天时，一位清洁工过来了，他把这个朋友脚下的一块香蕉皮扫掉了。朋友看了，很有礼貌地对那清洁工说了声“谢谢”，但那清洁工却冷口冷面，不发一言。

当那个清洁工走了以后，约翰逊说：“这家伙态度真差，是不是？”朋友说：“他对每个人都这样。”约翰逊问：“那你为什么还对他这么客气呢？”朋友回答说：“为什么我要让他来影响我的行为、破坏我的心情呢？快乐的钥匙是掌握在我自己手中的啊！”

或许，每天我们都会遇到让人烦心的人和事，如果我们任由这些人和事来主宰自己的情绪，那么在不知不觉中，我们就已经把心中那把“快乐的钥匙”交给别人掌管了。自己的快乐不能让别人影响了，那样你只会渐渐迷失了自己，最终跌进痛苦的深渊。如果你想追求幸福，就应该把快乐的钥匙掌握在自己手中，不要奢求别人来使自己快乐，反而，当你掌控了自己的快乐之后，你还能将自己的快乐带给别人。

有一位老太太有两个女儿，大女儿嫁给了雨伞店的老板，小女儿嫁给了染坊铺的老板。正当所有人都十分羡慕老太太的好福气时，老太太却说自己整天忧心忡忡。因为每当晴天时，她怕大女儿的雨伞卖不出去；遇上雨天，她又担心小女儿染好的布无法晾干。

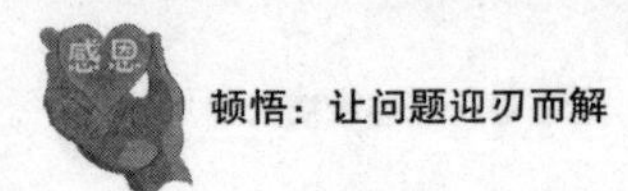

最后，有个聪明人告诉老太太说："老太太，您真是好福气啊！您看下雨天一到，您大女儿那里顾客盈门，生意好得不得了；晴天一到，小女儿那里也是生意兴隆。这样说来，不管天气如何，你每天都会听到女儿们的好消息啊！"

老太太听完后，愣住了，自己过去真是糊涂了，怎么都没有想到这个道理呢?

自己的快乐为什么要决定于是晴天还是雨天呢？天晴时，心情好；下雨时，可以漫步在雨中，不是依然可以感受到无比的快乐吗？只要拥有一颗感恩之心，无论天气怎样，都能够快乐生活。一个人的快乐并不是上天主宰的，它不用依附在任何东西之上，外在的人和事无论怎么变化，不管事情有多糟糕，无论他人有多讨厌，这与自己何干呢？我的心情我做主，快乐只在乎自己内心在想什么，不妨释放心灵，拥抱快乐吧！如果你想快乐，那就释放心灵，尽情地享受吧！只要你怀着一颗感恩的心，你会发现，快乐真的无处不在，快乐真的不需要理由！

诚恳为人，赢得他人信任

《安徒生童话》中有这样一个故事：

一天，一对老夫妇想把家中唯一的一匹马，拉到市场上

去换点有用的东西回来。于是，老头就牵着马去赶集了。

他先用这匹马换了一头母牛，后来他又用母牛换了一只羊，再用那只羊换了一只肥鹅，没多久又把鹅换成了母鸡，最后用母鸡与别人换了一口袋烂苹果。

在每次交换中，他都认为自己给老伴换了一个惊喜。

当他扛着那袋子苹果来到路边的小酒店歇息时，遇到了两个外地人。在闲聊中他兴奋地谈起自己这次赶集的经过，两个外地人听后却哈哈大笑，说他真傻，用一匹马换了一袋烂苹果，回去准得挨老婆子一顿骂。老头子坚称绝对不会，外地人就用一袋金币和他打赌，于是他们就跟着老头子去了他家。

老太婆见老头子赶集回来了，非常高兴，她兴奋地听老头子讲赶集的经过。每听到老头子讲用一种东西换了另一种东西时，她都充满了对老头的赞赏，并愉快地说着："哦，这可好了，我们能有牛奶喝了！"

"嗯，羊奶也同样不错。"

"哦，这也好，鹅毛多漂亮！我喜欢有一只鹅！"

"啊，那我们现在就有鸡蛋吃了！"

最后听到老头子背回的是一袋就要腐烂的苹果时，她还是那么开心，并大声说："太好了，我们今晚就可以吃到苹果馅饼了！"

结果，两个外地人输掉了一袋金币。

故事中的老太婆是个心性豁达之人，虽然老头子用一匹马换了一袋烂苹果，但是老太婆不仅没有责怪他，反而为此而感到开心，因为她了解老头子的良苦用心，他知道老头子心里在想着她；并且她也是一个深谙生活真谛的人，活着就要感恩，两个人的快乐远远比金钱来得重要，正因如此，她始终保持着豁达和乐观的心态，不仅让老两口得到了快乐，还意外地赚到了一袋金币。正所谓“塞翁失马，焉知非福”，用感恩的心宽容地看待一切，你会发现，生活始终是美好的，而且有时候看似不美好的事情背后，其实隐藏着最大的幸福。

从前有个书生，和未婚妻约好在某年某月某日结婚。到那一天，未婚妻却嫁给了别人。书生受此打击，一病不起。家人用尽各种办法都无能为力，眼看书生已经奄奄一息了。这时，路过一游方僧人，得知此情况，决定点化一下他。僧人到他床前，从怀里摸出一面镜子叫书生看。书生看到茫茫大海，一名遇害的女子一丝不挂地躺在海滩上。

路过一人，看一眼，摇摇头，走了……

又路过一人，将衣服脱下，给女子盖上，走了……

再路过一人，过去，挖个坑，小心翼翼地把尸体掩埋了……

疑惑间，画面切换。书生看到自己的未婚妻。洞房花烛，被她丈夫掀起盖头的瞬间……书生不明所以。

僧人解释道：那个海滩上的女子，就是你未婚妻的前世，你是第二个路过的人，曾给过她一件衣服。她今生与你相恋，只为还你一个情。但是她最终要报答一生一世的人，是最后那个把她掩埋的人，那人就是她现在的丈夫。书生大悟，唰地从床上坐起，病愈！

从这个故事中我们可以悟到这样一个道理：不要因为失去什么而感到惋惜、痛苦或者埋怨生活。每件事的发生都有它的缘由，感情也是如此。只要在一起的时候珍惜了，不在一起的时候依然感恩，感恩对方曾经和自己在一起的日子，并且豁达接受对方的离别，只有对每件事都心存感激，生活才能妙趣横生、幸福美满，而且我们还可能获得意想不到的收获。就像故事中的书生，始终执着于未婚妻的另嫁他人，却从未想过感谢她曾经爱过自己。每个人都应该明白，任何感情都是相互的，包括故事中的女子离开书生，嫁给她现在的丈夫，不也是因为她的丈夫才是前世将她的尸身掩埋的人吗？凡事有因才有果，不能强求，只要在我们拥有的时候去珍惜，在我们失去的时候依然感恩并且坦然接受，之后依旧乐观地面对生活，才不枉费父母赋予我们生命的恩情。

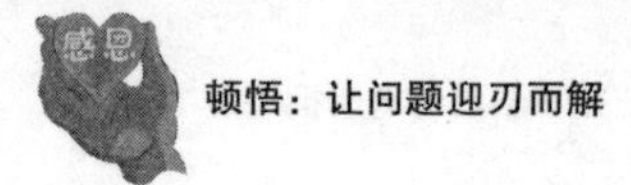

传递爱心，让世界充满爱

当我们在父母的羽翼下成长的时候，我们是幸运的，更是幸福的，而我们终究会长大成人，终究有一天会独立面对残酷的社会，亲人不可能永远陪伴在我们身边，因而朋友、同事甚至陌生人对我们的帮助和提携都是十分重要的。当我们面对他人的举手之劳，当我们受到他人顺带的照顾时，我们是认为理所应当，还是心怀感恩，努力报答呢？中国人都知道“滴水之恩，当涌泉相报”这句话，老祖宗已经告诉我们应当以怎样的态度去面对他人的帮助，然而真正涉及自身的生活，当“感恩”这个词越来越为人们所关注时，我们是否在关注之外，真正去做了些什么呢？

有一个到城市打工的农村青年，给刘梅家装塑钢窗户。一整天，他都闷头干活，也不说话，一直干到很晚。见他那么老实，刘梅留他吃晚饭。他很拘谨，连菜也不敢夹，婆婆热情地招呼他，就像对一个远道而来的客人，公公则递烟给他，与他扯家常。

原来，他是考上大学的人，而那年他的弟弟也考上了县城的重点高中，家里太穷，负担不起两个人，他只好放弃了学业外出打工。如今，他娶妻生子安心做了农民。刘梅一家人听了，唏嘘不已。婆婆想得实际而周到，翻拣出一些旧衣物还有洗衣粉等洗涤用品，装了满满半袋子送给他。他涨红

了脸，推辞着不肯收。婆婆说，这都是他们不用的，闲放着也是放着，给他就拿着，回去也好帮衬媳妇过日子。他低头接过袋子，连句道谢的话都没有，就走了。

日子一天天过去，家里人很快忘记了这件事。

半年后的一天，有人敲门。刘梅开门一看，一个农民打扮、背着口袋的青年站在门口，刘梅不认得他。他说："是我啊，给你家装窗户的。"刘梅忙招呼他进门，他拘束地坐在沙发上，搓着手缓缓地说，麦收的时候，他回了一趟家，说起刘梅家帮他的事，全家人都很高兴。他们想表示对刘梅的感谢，却找不出合适的办法。家里人商量了好久，最后他娘说把家里新打的粮食拣好的带上点，让刘梅一家人尝尝鲜。那口袋里是新收的小米、黄豆、绿豆，还有新玉米面。

青年人放下东西，走了。刘梅一家人却为这意外的结果，感慨不已。

的确，很多人都接受过比那个农村青年更大更多的帮助，可是并没有像他一样心存感激，并且用实际行动去表达谢意。虽然刘梅一家人认为自己做的一切都是理所当然的，并不需要对方去做出怎样的感谢之举，然而这个打工青年的做法却深深打动了刘梅一家人，当然也会触动很多人那颗"感恩的心"。

在现实生活中，谁没有得到过他人的帮助，或者帮助过他人呢？可是我们是否用心记住了这些，并且真正心存

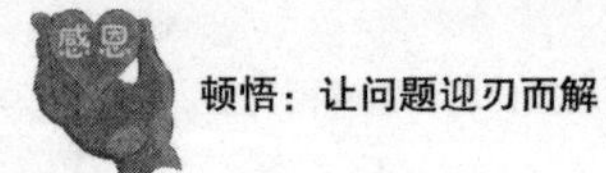

感激呢？

感恩之心就像是一颗种子，只有每个人都以感恩的心去对待他人，才能够构建起生命的绿洲。当然我们不仅仅需要懂得感恩，也要把这份感恩之心传递下去，让更多的人感受到关爱和温暖，因为有了爱的传递，我们才不会再惧怕任何困难和挫折，每个人也都会在这个社会中快乐地生活。

第4章

发现美好生活，人生多一缕阳光和希望

生活当中，我们不一定是受人欢迎的人，我们所做的事情也不一定都是别人所认可的。也许我们总是为此而纠结难过，也许我们一直在为此消沉堕落，但是仔细想想，正是过往的经历让我们变得成熟睿智，正是曾经的困扰和阻碍让我们变得坚强和独立。这个时候，我们应该感谢那些帮助自己成长的人。用感恩之心生活，用感恩之心面对一切，迎接生命中的所有挑战。

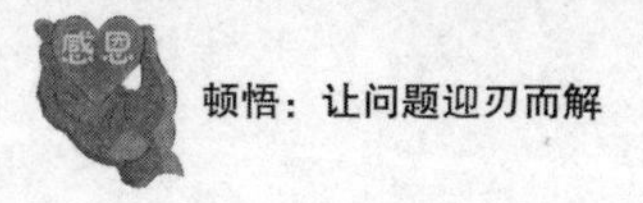

看看你所拥有的，乐观面对生活

弗莱明是苏格兰一个穷苦的农民。有一天，他救起一个掉到深水沟里的孩子。第二天，弗莱明家门口迎来了一辆豪华的马车，从马车走下一位气质高雅的绅士。见到弗莱明，绅士说："我是昨天被你救起的孩子的父亲，我今天特地过来向你表示感谢。"弗莱明回答："我不能因救起你的孩子就接受报酬。"正在两人说话之际，弗莱明的儿子从外面回来了。绅士问道："他是你的儿子吗？"农民不无自豪地回答："是。"绅士说："我们订立一个协议，我带走你的儿子，并让他接受最好的教育，如果这个孩子能像你一样真诚，那他将来一定会成为让你自豪的人。"弗莱明答应签下这个协议。数年后，他的儿子从圣玛利亚医学院毕业，发明了抗菌药物盘尼西林，一举成为天下闻名的亚历山大·弗莱明爵士。

有一年，绅士的儿子，也就是被弗莱明从深水沟里救起来的那个孩子染上了肺炎，是谁将他从死亡的边缘拉了回

来？是盘尼西林。那个气质高雅的绅士是谁呢？他是“二战”前英国上议院议员老丘吉尔。绅士的儿子是谁呢？他是“二战”时期英国著名首相丘吉尔。

本杰明·富兰克林曾说过，一个人种下什么，就会收获什么。我们如果真诚地待人，别人也会真诚地对待我们。弗莱明因为真诚才让自己的儿子有了成才的机会。老丘吉尔也因为真诚才挽救了自己儿子的生命，并使之成为20世纪影响人类历史进程的政治家。

我们学过海伦的故事，她自小双目失明，连正常的行走也需要他人扶着，但是她没有因此而埋怨上天、埋怨父母没有给她一副健全的身体。她怀着一颗感恩的心，感谢父母给了她生命，用手中的笔写了一部又一部的文学作品回报社会和父母。正因为拥有一颗感恩的心，海伦变得更加坚强和勇敢，是感恩让她体会到了人生的快乐。

我们的生活里充满了各种各样的快乐，像繁花一样多。有的人以读书为乐，有的人以追逐更大的成就为乐，有的人以给爱人和孩子做一顿丰盛的晚餐为乐……世上有多少人，就有多少种快乐。但是，当你拥有快乐时，你是否想过把自己的快乐分给父母，分给朋友，分给周围的每一个人呢？

每天，每个人都感到不同程度的快乐，可这个快乐不是自娱自乐所得到的，而是与别人交换快乐时所得到的。有句话说得好“一滴水只有放入大海里才不会枯竭”，同理，一

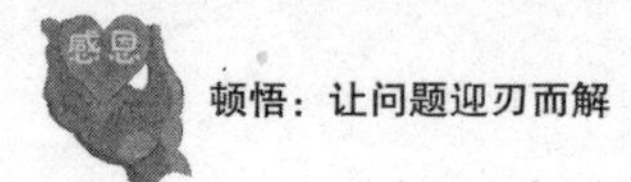

个人的快乐只有和他人一起享受才更有滋味。把快乐带给周围的每个人，用积极的心态感染他人，一个人又怎么会活得没有意义呢？

快乐要懂得分享，才能加倍地快乐。人不是每天都开心的，当你碰到高兴的事不妨和他人说说，让他们也体会你的喜悦。如果每个人都能把快乐的心情向外传播，那么他的周围必定充满了欢声笑语。

快乐不是一个人饮的美酒，它需要与众人一同分享才能显现出来更多的魅力。快乐的情绪也能传染，若是身边每个人都面带微笑，那么你的忧郁情绪也会渐渐被驱散。当笑声在人群中传播时，等于是大家共同分享了一种情感体验。正所谓“独乐乐不如众乐乐，大家乐才是真的乐”。把快乐拿出来让亲朋好友分享，一个快乐就变成了多个快乐，快乐也就因此膨胀、放大。因为传递给其他人，你自己有的快乐，与他人一分享，就变成了两份；同样可以感染他人给你传递快乐，他也就拥有了两份快乐，这样两人之间就有了四份快乐。如果和越多的人分享快乐，就会拥有越多的快乐。这就是分享快乐的益处所在。

我们只是一个普通人而已，改变人一生的，往往不是什么豪言壮语，而仅仅是一种呵护，一种关怀，一点引导，一点分享。与别人分享自己的喜悦，正是给别人的生命增添了一种色彩。快乐化成种子，在人们心田中生长出一棵茁壮

的大树，每一片叶子上都写着两个字“希望”。分享正是给人以希望，当你发现其神奇功效时，你就知道：快乐需要分享。也许分享后，你会有另外一种叫作“幸福”的收获。

总之，把你的许多精彩的人生片段，拿出来与更多的人分享，那将是人生快乐而富足的回忆，你的快乐心情将会间接地影响你周围的朋友，懂得分享，那才是真正的快乐。不要以为分享快乐是多么难的事，其实每一个人都可以做到，有时你只要有一颗糖，分半颗给朋友，你便会得到双倍的甜蜜和快乐。分享快乐就如同来无影、去无踪的空气，在现实生活中必不可少，只要你学会分享，就能得到更多的快乐！

用心发现，就能看到生活中的美好

有一位被丈夫遗弃的妇女带着孩子，仅靠在夜市卖小吃维持生计，生活很艰难。但是，她却从来都没有表现出失望。她把自己那仅有30平方米的小屋子收拾得干净整洁，旧茶几上还摆着一瓶鲜花。虽然那不是一个真正的花瓶，只是一个破旧的酒瓶，但里面却插满了路边采来的野花。别人都认为她的日子不堪忍受，而她自己却觉得很好。当别人对她表示同情时，她却淡然一笑说：“我感觉挺好的，我的孩子很健康，我们有东西吃，有地方住，我们生活得很幸福。”

一个人幸福与否全在自己内心的感觉，当你去用感恩的心去看待生活中的一切时，生活就变得美好起来。故事中的女子便是这样一个人，她没有过多地去关注生活中的困苦，而是把注意力放到让自己感到幸福的事情上面。她为了孩子的健康、为了每天有食物吃、有地方住而感恩，她感到知足而快乐，她是幸福的。很多大富大贵之人也未必会有她这样的心境，有钱人真的比这个女人幸福吗？很可能，他们并没有我们想象的那么快乐。

凡事都是如此，有得必有失，有利就有弊，任何事物都有两面性，生活如此，幸福也是如此。当你用感恩的心去看待挫折，你就会发现它是对人的一种历练，它是在帮助人更快地成长；当你用感恩的心去看待风雨，你会发现它虽然淋湿了人们的头发和衣服，却浇灌了大地和植物，它们的存在让我们的谷物丰收，让空气清新，让花儿更红，草儿更绿；当你用感恩的心去看待父母的唠叨、师长的责备，你会发现，他们所做的一切都不是为了自己，而是想让你人生的路途能够走得更顺利、更长远。当你懂得用感恩之心对待他人，用感恩之心看待事物，用感恩之心感受生活的时候，你就成了一个幸福的人。

有一个小女孩，每天晚上临睡前都要回忆自己一天来所经历的人和事，并要在心中默默感激三个人、三件事。

当然，这个任务是妈妈安排给她的，因为她想要女儿从小就学会看到人生中美好的一切，并真心地感恩。一个常常感恩的人，才会惜福，才会快乐，心灵也才会圆满温润。

一天晚上，小女孩躺在床上，不知道在想着什么。妈妈就问她，女儿为难地告诉她，今天，她要感谢为自己剪指甲的奶奶，为她上课的老师，为她们班做卫生的钟点工以及没有下雨的老天……可是，还少一件事需要感谢，想来想去也不知道该感谢什么。

妈妈看着女儿冥思苦想的可爱状，就建议她说，只要让你快乐的事，都值得去感激。女儿看着她，脸上突然现出了开心的笑容。她说，妈妈种的茉莉花在阳台上开花了，这很令她开心。茉莉花那么香，那么美，她要谢谢花开了！

小女孩的感恩心态令人感动。也许只有在最纯洁无瑕的孩子眼中才能看到花开花谢的美丽，才能想到去感谢花开。

生活中，有太多的事情值得我们用一颗感恩之心去面对，那些事也许很小、很简单，却给我们带来了莫大的好处和便利，比如拥挤的公交车上有人给你腾出一块能搁脚的地方，使你站得更安稳；比如一段泥泞的路上，有人摆好了踏脚的砖头，让后面的人不至于把鞋弄脏；比如衣服上粘了东西，有人提醒，使自己不至于太丢人……这些不都是应该感恩的事吗？做这些事的人不都是值得感谢的人吗？

不要再抱怨这个世界冷漠，不要再说什么人情冷暖、世

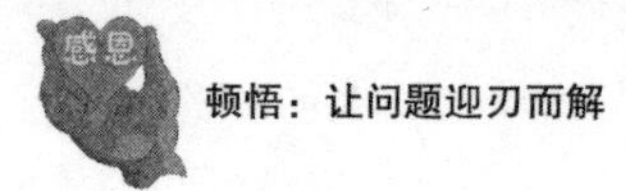

态炎凉，这个世界的冷暖不在于外物，而在于自己的心。生活中并不缺少好人好事，也不缺少温暖和快乐，只是你没有一颗感恩的心，没有体会到而已。

活着，是一件极为美好的事。生活之中，有太多的人和事值得我们用一颗感恩的心去面对，即使那些人很普通，那些事很平凡，但也曾让我们心里感到过温暖、踏实，也曾让我们觉得生活在这个世界是多么美好。我们时刻都在接受着各种大大小小的恩惠，这些恩惠让我们成长，让我们成功，更让我们成熟！

发现自己，为自己而活

在现实生活中，不乏这样的人，他们似乎不是为自己而活，而是为周围的人活着。他们的把自己的希望寄托在儿女身上，把幸福寄托在伴侣身上，或者把自己未来的工作前途寄托在父母身上。他们不认可自己的价值，不相信自己的能力，不懂得只有自己才能帮助自己的道理。他们不懂得感恩父母的养育之情、子女的孝悌之心、爱人的关心和照顾之义，反而总去依赖别人，给别人带来更多的压力与负担，这样的人能获得幸福与快乐吗？相反，那些能够自立自主地生活，不仅对待周围的人会抱着感激的心态，还会以实际行动

来感恩的人，不仅能够为自己而活，相信也能活得很好！

春秋战国时代，一位父亲和他的儿子出征打仗。父亲已做了将军，儿子还只是马前卒。又一阵号角吹响，战鼓擂鸣了，父亲庄严地托起一个箭囊，其中插着一支箭。父亲郑重地对儿子说：“这是家袭宝箭，佩戴在身边，力量无穷，但千万不可抽出来。”

那是一个极其精美的箭囊，厚牛皮打制，镶着幽幽泛光的铜边，再看露出的箭尾。一眼便能认出是用上等的孔雀羽毛制作。儿子喜上眉梢，贪婪地推想箭杆、箭头的模样，耳旁仿佛有嗖嗖的箭声掠过，敌方的主帅应声折马而毙。

果然，佩戴宝箭的儿子英勇非凡，所向披靡。当鸣金收兵的号角吹响时，儿子再也禁不住得胜的豪气，完全忘记了父亲的叮嘱，强烈的欲望驱赶着他呼一声就拔出宝箭，试图看个究竟。骤然间他惊呆了。

一支断箭，箭囊里装着一支折断的箭。

我一直挎着支断箭打仗呢！儿子吓出了一身冷汗，仿佛顷刻间失去支柱，意志轰然坍塌了。

结果不言自明，儿子惨死于乱军之中。

拂开蒙蒙的硝烟，父亲拣起那支断箭，沉重地啐一口道：“不相信自己的意志，永远也做不成将军。”

故事中的主人公，竟然把战争的胜败寄托在一支箭上，是多么愚蠢！假如他能理解父亲的苦心，便不会轻易抽出宝箭；而当他发现宝箭变为断箭时，更该仔细反省下，究竟是什么力量使他取得了曾经的成功。的确，不相信自己的意志，永远也做不成将军。意志是什么？意志就是人自觉地确定目的，并支配行动，克服困难，实现目的的心理过程。

可能他在惨死之时，心中想的不是父亲的叮咛，而是不解父亲为何拿一支断箭来欺骗他。他至死都不会懂得他的失败正是因为他不懂感恩，不明白父亲的苦恼，亦不够相信自己。

命运是掌握在自己手里的，这个世界上，并没有救世主。无论你现在身处怎样的现状，都要相信自己，感恩生活。要知道，任何你的亲人或是和你亲密的人，都不能一辈子陪着你、帮助你，只有对他们曾经的帮助和陪伴心怀感激并建立起自己坚强的意志，给自己一份自信，用自己的双脚走路，用自己的双手去创造自己的美好生活，才能真正到达幸福的彼岸，才是对他们表达感恩的最好的方式。

总之，从现在开始，努力做一个精神富足的人，不要再依赖你的父母，依赖你的朋友，而应该对他们报以感恩的心，为他们减轻负担和压力，做回你自己！你不妨大胆地走出第一步，不要再害怕在众人面前发言了，也不要低估自己的能力，如果你能够勇敢地去尝试一次，你就会被那种被人关注和肯定的氛围所感染，你会急切地想提高自己各个方面的才能，你不断地学习提高，最终肯定会成为个中高手。做

到这些，就是感谢他们的最好方式！

找到人生的方向，创造属于自己的价值

爱默生说，什么是野草？野草就是一种还没有发现其价值的植物。在这个世界上，每一个人都有自己的优势或劣势，抱怨者总是看到自己的劣势，感恩者却着眼于自己的优势，所以抱怨者成了最后的失败者，而感恩者却成功地登上了山顶。那些能够取得巨大成就的人，他们从来不会抱怨，不向命运妥协；相反，他们最大限度地发挥了自己的潜能与优势。其实，生活中的悲伤、抱怨只不过是调味剂，试着用一颗感恩的心去看待，把每一次的失败看作是上天的考验。因为有了悲伤，我们才会变得更坚强、成熟；因为悲伤，我们的潜力才能被挖掘，从而离成功更近。每个人都有自己的闪光点，只要我们换一种角度看问题，你会发现，那些所谓的缺陷会变成一种优势。即使自己陷于痛苦之中，也不要总是认为自己是不幸的，怀着感恩的心，你会发现自己身上的闪光点。

有个小男孩，10岁时在一次车祸中失去了左臂，但他很想学习柔道。最终，小男孩拜一位日本柔道大师为师，开始学习柔道。他学得不错，可是练习了三个月，师父就只教

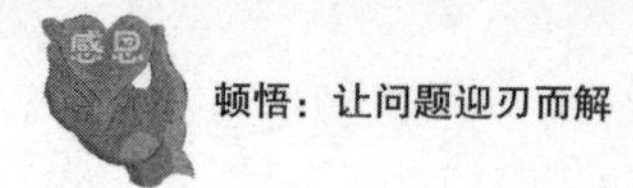

了他一招，小男孩有点糊涂了。有一天，他终于忍不住问师父：“我是不是应该再学些其他的招式呢？”师父对他说：“不，你只需要会这一招就够了。”小男孩还是不明白，但他很相信师父，于是继续练习这一招。

几个月后，师父带着小男孩去参加比赛。出乎意料的是，小男孩在比赛中轻轻松松地就赢了前两轮。第三轮稍微有点难度，但小男孩依然敏捷地施展出了自己的那一招，结果又赢了。就这样，小男孩迷迷糊糊地就进入了决赛。决赛的对手比小男孩高大、强壮很多，也似乎更有经验。关键时刻，小男孩显得有些招架不住了。裁判担心小男孩会受伤，就叫了暂停，还打算就此终止比赛，但是师父不答应，他坚持说：“继续下去！”比赛又开始了，对手渐渐放松了警惕。小男孩立刻使出了他的那招，结果真的又一次制服了对手，最终获得了冠军。

在回去的路上，小男孩终于鼓起勇气道出了自己心中的疑问：“师父，我怎么能仅凭一招就得了冠军？”师父告诉他：“有两个原因：第一，你几乎完全掌握了柔道之中最难的一招；第二，据我所知，对付这一招唯一的办法就是对手要抓住你的左臂。”

或许，失去了左臂对于小男孩来说，那是身体的缺陷，然而在比赛中，缺陷却成了一种优势。对此，小男孩心怀感恩，这看似不可弥补的缺陷不仅没有给他带来更多的磨难，

反而成为一种优势，以优势击败对手，赢得了最后的冠军。其实，幸运和不幸只是两种方式，它们之间并没有明确的界限，幸运既可以化为不幸，不幸也可以转化为幸运。如果拥有是既定的结果，那么失去之后也不要叹息，忘记过去，直面未来。即使没能获得成功，我们也应该感谢生活，因为它帮助我们成长。

一个孩子在他父亲的葡萄酒厂看守橡木桶，每天早上，他都会用抹布将所有木桶擦拭干净，然后整齐地排好。但是让他生气的是：往往一夜之间，风就把他排列整齐的木桶吹得东倒西歪。

小男孩很委屈地哭了，而父亲摸着孩子的头说："孩子，别伤心，我们可以想办法去征服风。"于是小男孩擦干眼泪，坐在木桶边想啊想啊，最终想出了一个办法。他去挑来一桶一桶的清水，然后把水倒入那些空空的橡木桶里，之后忐忑不安地回家睡觉了。

第二天天刚亮，小男孩就匆匆爬起来跑到放桶的地方。这次他发现，那些橡木桶一个个排列得整整齐齐，没有一个被风吹倒的，也没有一个被风吹歪。小男孩高兴地笑了，他对父亲说："木桶要想不被风吹倒，就要加重木桶自己的重量。"父亲也赞许地笑了。

是的，或许我们没有办法改变风，但是我们却可以增加木桶的重量，这样即使再大的风，也吹不倒木桶。生活中，

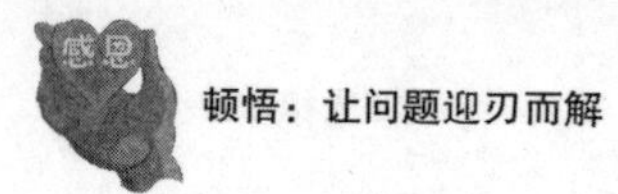

有许多东西我们都无法改变，但我们却可以选择改变自己，增加心灵的重量，在一次次失败中吸取经验与教训，不断地成长。在人生道路上，我们可以不成功，但不能不成长。只要不断地成长，增加自身的价值，终有一天，我们将稳稳地站立在这个世界上，守护住那个属于自己的位置。

知足常乐，收起贪婪之心

中国人常说“欲望无止境”，孔子也曾说过一句很有名的话：“富与贵，是人之所欲也，不以其道得之，不处也。贫与贱，是人之所恶也，不以其道去之，不去也。”意思是：富贵是每个人都想要的，但如果不是用光明的手段得到的，就不要它。贫贱是每个人所厌恶的，但如果不是以正大光明的手段摆脱的，就不摆脱它。也就是说，我们每个人都有追求成功和幸福的欲望，但不能被欲望所控制。

不管你是在温室中成长，还是在困苦中挣扎，欲望都会存在于你的心中。欲望可以成为我们的信念，支撑我们渡过难关，但是欲望也像鸦片，容易上瘾。皮埃尔·布尔古说过：“人们常常听到这样一句话：‘是欲望毁了他。’然而，这往往是错误的。并不是欲望毁了人，而是无能、懒惰，或糊涂。”

为此，我们只有常常心怀感恩，感谢生活，才能收起贪婪的心，活出精彩人生！

曼谷的西郊有一座寺院，因为地处偏远，香火一直非常冷清。

原来的住持圆寂后，索提那克法师来到寺院做新住持。初来乍到，他绕着寺院四周巡视，发现寺院周围的山坡上到处长着灌木。那些灌木呈原生态生长，树形恣肆而张扬，看上去随心所欲，杂乱无章。索提那克找来一把园林修剪用的剪子，不时去修剪一棵灌木。半年过去了，那棵灌木被修剪成一个半球形状。

僧侣们不知住持意欲何为。问索提那克，法师却笑而不答。

这天，寺院来了一个不速之客。来人衣衫光鲜，气宇不凡。法师接待了他。寒暄，让座，奉茶。对方说自己路过此地，汽车抛锚了，司机现在修车，他进寺院来看看。

法师陪来客四处转悠。行走间，客人向法师请教了一个问题："人怎样才能清除掉自己的欲望？"

索提那克法师微微一笑，折身进内室拿来那把剪子，对客人说："施主，请随我来！"

他把来客带到寺院外的山坡。客人看到了满山的灌木，也看到了法师修剪成型的那棵。

法师把剪子交给客人，说道："您只要能经常像我这样

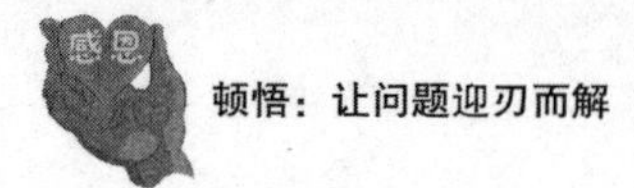

反复修剪一棵树，您的欲望就会消除。”

客人疑惑地接过剪子，走向一丛灌木，咔嚓咔嚓地剪了起来。

一壶茶的工夫过去了，法师问他感觉如何。客人笑笑：“感觉身体倒是舒展轻松了许多，可是日常堵塞心头的那些欲望好像并没有放下。”

法师颔首说道：“刚开始是这样的。经常修剪就好了。”

来客走的时候，跟法师约定他十天后再来。

法师不知道，来客是曼谷最享有盛名的娱乐大亨，近来他遇到了以前从未经历过的生意上的难题。

十天后，大亨来了；十六天后，大亨又来了……三个月过去了，大亨已经将那棵灌木修剪成了一只初具雏形的鸟。法师问他，现在是否懂得如何消除欲望。大亨面带愧色地回答说：“可能是我太愚钝，眼下每次修剪的时候，能够气定神闲，心无挂碍。可是，从您这里离开，回到我的生活圈子之后，我的所有欲望依然像往常那样冒出来。”

法师笑而不言。

当大亨的鸟完全成形之后，索提那克法师又向他问了同样的问题，他的回答依旧。

这次，法师对大亨说：“施主，你知道为什么当初我建议你来修剪树木吗？我只是希望你每次修剪前，都能发现，原来剪去的部分，又会重新长出来。这就像我们的欲望，你

别指望完全消除。我们能做的，就是尽力把它修剪得更美观。放任欲望，它就会像这满坡疯长的灌木，丑恶不堪。但是经常修剪，就能成为一道悦目的风景。对于名利，只要取之有道，用之有道，利己惠人，它就不应该被看作是心灵的枷锁。”

大亨恍然大悟。

此后，随着越来越多的香客的到来，寺院周围的灌木也一棵棵被修剪成各种形状。这里香火渐盛，日益闻名。

的确，我们心中的欲望，有时就像树木长出的枝蔓，稍不留神就一个劲地疯长，遮盖了我们的视野，甚至连心灵的光明也被淹没了，只有不断修剪，才能让我们的眼界豁然开朗！

我们都是平凡的人，虽然平凡，我们也依然可以追求不平凡的生活，只要经常修剪自己的欲望，去除贪婪之心，任何环境中的人，都可以走向成功。

心怀希望，困难中也能看到阳光

人生总会有起落，生活中我们也总会遇到各种各样的压力和困难。但我们要明白的是，任何危机下都存在着转机，只要我们抱着一颗感恩的心耐心等待，再坚持一下，也许转

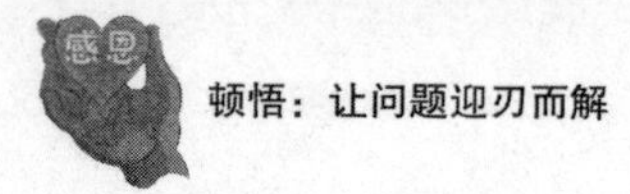

机就在下一秒。

老亨利是一家大公司的董事长，他是个和蔼的老人。有一次，产品设计部的经理汤姆向老亨利汇报说："董事长，这次设计又失败了，我看还是别再搞了，都已经第九次了。"汤姆皱着眉头，神情非常沮丧。

"汤姆，你听我说，我让你来设计，就相信你能成功。来，我给你讲个故事。"老亨利吸了一口雪茄，开始讲起来："我也是个苦孩子，从小没受过什么正式教育。但是，我不甘心，一直在努力，终于在我31岁那年，我发明了一种新型的节能灯，这在当时可是个不小的轰动呢！但是，我是个穷光蛋，要进一步完善需要一大笔资金。我好不容易说服了一个私人银行家，他答应给我投资。可我这种新型节能灯刚一投放市场，其他灯的销路就被阻断了，所以就有人暗中阻挠我成功。可谁也没想到，就在我要与银行家签约的时候，我突然得了胆囊症，住进了医院，大夫说必须马上做手术，否则就会有危险。那些灯厂的老板知道我得病了，就开始在报纸上大造舆论，说我得的是绝症，骗取银行的钱来治病。结果，那位银行家不准备投资了。更严重的是，有一家机构也正在加紧研制这种节能灯，如果他们抢在我前头，我就完蛋了！我躺在病床上简直是万分焦急，最后只能铤而走险，不做手术，如期地与那位银行家见面。

"见面前，我让大夫给我打了镇痛药。和银行家见面

后，我忍住剧烈的疼痛，装作没事似的，和银行家谈笑风生。但时间一长，药劲过去了，我的肚子就像刀割一样疼，后背的衬衣也让汗水浸透了。可我仍然咬紧牙关，继续周旋。我当时心里就只剩下一个念头：再坚持一下，成功与失败就在能不能挺住这一会儿！病痛终于在我强大的意志力下低头了，最后我终于取得了银行家的信任，签了合约。我在送他到电梯口时脸上还带着微笑，并挥手向他告别。但电梯门刚一关上，我就扑通一下倒在地上，失去了知觉。提前在隔壁等我的医生马上冲过来，用担架将我抬走。后来据医生说，我的胆囊当时已经积脓，相当危险。知道内情的人无不佩服我这种精神。我呢，就靠着这种精神一步步走到现在。”

汤姆被老亨利的故事感动了，他感到万分惭愧。和董事长相比，自己遇到的这点压力算什么呢？

“董事长，您的故事让我非常感动，从您身上我真正体会到了再坚持一下的精神。我非常感谢您给我的鼓励和提醒。我回去再重新设计，不成功誓不罢休。”汤姆挺着胸，攥着拳，脸涨得通红，说话的声音有些颤抖。

事实是最好的证明，在试验进行到第十二次的时候，汤姆终于取得了成功。

任何人、任何事情的成功，固然有很多方法，但最根本的就是需要坚持。不管遇到什么困难，只要风雨无阻并相信

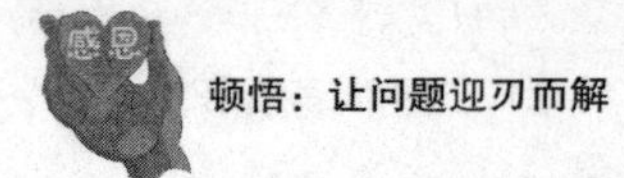

自己能成功，就一定能迎来曙光、迎来成功。老亨利和汤姆的成功就是最好的证明。而相反，如果我们总是在前进的道路上给自己设置重重的心理障碍，如果总是让自己刚迈出的脚步又退回原点，那么又如何战胜压力走向终点呢？唯有抱着一种不怕输、不认输的精神，有一种失败后再坚持一下的勇气，那么最终肯定能获得成功。

成功的路上，人生的路上，谁也避免不了压力和困难，这才是人生的精彩之处。相反，如果一个人，他的一生太幸运了，太安逸了，就远离了压力的考验，反而变得毫无追求，人生也会显得太苍白暗淡。一旦你失去了必要的压力，就会驻足不前，那么你就等于失去了成功的基石，有一天你会发现自己身后只剩一片悬崖。

因此，我们不要总是想着给自己减压，还要适当给自己加压。因为压力是孕育成功的土壤，只有在沉重的现实面前，压力才能将潜能激发出来。而当你无法摆脱压力时，就应该反复对自己说："感谢生命之中的压力，这是生活对我的挑战和考验。""这是上天催促我努力学习、积极工作、奋发向上的动力。"换个角度去看问题，改变态度，困难和压力也会很快减轻。

因此，只要我们锲而不舍地将压力视为生命里不可或缺的养料，感谢压力，就能最终战胜风雨的洗礼，看到雨后绚丽的彩虹。

善待自己，别因艰难困苦折磨自己

善待自己，很多人都懂得这个道理，然而却很少有人能够真正领悟到善待自己的含义。给自己买最好的衣服，最贵的化妆品，所有看上的喜欢的首饰全部买下来，是不是这样就是善待自己了呢？答案显然是否定的。

所谓善待自己，并非是一味去追求最好的最贵的商品，而是要找到最适合自己的，就像一个好男人，性格温柔，待人真诚，却未必会是自己的真命天子，很可能你最喜欢的不是在温柔的怀抱中整天听着甜言蜜语，而是希望和爱人能够志同道合，一起周游天下。就像一份人人羡慕的高薪工作，却不一定是你喜欢的，因为你在得到高薪的同时也失去了很多时间，付出了很多精力，很可能你需要的只是能够自给自足，然后利用业余时间做一点自己喜欢的事，这样便能知足快乐。善待自己就是如此，不期望最好，只寻找最适合自己的。

在海底的深处，有个老龙王，传说它是水族中的至尊，水里的一切动物都是它的臣民。

一天，龙王出外巡游，在海滨遇到了一只青蛙。龙王和青蛙相互致意后，便友好地攀谈起来。

青蛙问道："龙大王，您居住的地方是什么样子啊？"

龙王说："我住的宫殿，那不是一般的宫殿啊，那里全是用珍珠宝石建造的，里面珠光宝气，金碧辉煌。”

接着龙王又问青蛙：“你的住所又是什么样的呢？”

青蛙说：“我住的地方嘛，在一个山间的小溪边，那里有绿色的苔藓和碧绿的青草，还有清凉的泉水和洁白的山石。”

龙王又问：“你为什么不弄成我那样的宫殿呢？”

青蛙笑笑说：“那我也太苛求自己了吧！我现在住的地方很美丽，心情也不错。您的宫殿虽然完美，但却不是我的理想。”

就像寓言故事中的青蛙说的，龙王的宫殿虽然珠光宝气、金碧辉煌，但在它眼里却不及自己的小溪边美丽，在青蛙的心里住在自己喜欢的地方比住在宫殿里的感觉更舒服，这便足够了。青蛙懂得感恩，懂得知足，更懂得善待自己，因为它在为自己而活，它没有用世人的眼光来束缚自己，做出违背自己心意的事。虽然自己的住所不如宫殿完美辉煌，但它依然心怀感恩，每天都快乐地生活着。

反观我们的生活中，追求最好而不是最适合的例子不胜枚举。很多家长希望自己的孩子成龙成凤，于是便从小培养孩子各种技能，画画、弹琴、跳舞样样都不能落于人后。家长总是在想，我是为孩子好，为了孩子以后着想，现在吃点苦头，长大才能有出息。而事实呢？有几个孩子真的如家长所愿，成了艺术家？不仅愿望没有达成，也牺牲了孩子的

童年，付出了自己全部的休息时间和精力，可谓是不偿失。其实，只要如孩子所愿，按照孩子的喜好适当给予鼓励和引导，孩子不用很累，即便累孩子也是快乐的，自己也不用整天为孩子操心，多一些时间做一些自己喜欢的事，何乐而不为呢？

心向光明，生活就充满温暖明亮

哲人说："天堂或是地狱，都将取决于自己的心境。忧伤的时候，天堂可以变成地狱；快乐的时候，地狱也可以变成天堂。"在一个大雪纷飞的午后，一个小男孩趴在窗台上，看到大街上有好几个乞丐由于饥饿寒冷而可怜地蜷缩着，随时可能倒下去永远起不来，不禁泪流满面，悲恸不已。他的祖父见状，连忙把他引到另一个窗口，让他欣赏自家的后花园，只见各种树上挂满了花朵，一片洁白的世界，让人心旷神怡，小男孩的心情顿时明朗起来。老人托起小孙子的下巴说："孩子，你开错了窗户。"有时候，我们总是感到快乐很远，其实快乐是心的选择，只要懂得感恩，保持乐观积极的心态，快乐就会停驻在你的身边。

日本有一个国家级的奖项设置，那就是"终身成就奖"，这是日本任何一位名流显达或社会精英都翘首企盼的

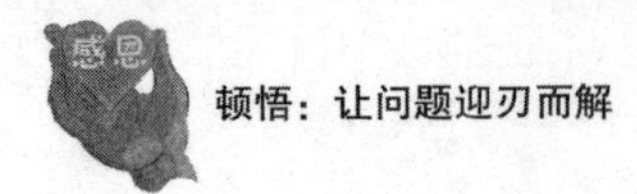

至高荣誉，但有一次，此奖破天荒地颁发给了一个从事着平凡工作的小人物——清水龟之助。清水龟之助只是一名普通的邮差，他从事着单调、简单而平凡的工作，但他获得了没有人可质疑的这个奖项，人们都认为这个奖项应该属于他。

这是出于什么原因呢？原因在于，在他整整25年的工作中，工作态度始终如一，投入而认真。而且他从来没有请过假，没有迟到过，没有早退过，没有出现脱岗等任何有违公司纪律的行为。而且由他经手的邮件从来没有出现过任何差错，无论是雷电交加，还是天寒地冻，甚至于地震时，他都能及时而准确地把信件送到收件人的手中。这不能不令人惊叹，也不能不说是一个奇迹。

是什么力量使他这样严谨、敬业地工作呢？当别人问起他是怎样在平凡的工作中取得不平凡的业绩时，他说："是快乐，我在自己的工作中，感受到了无穷的快乐。"他喜欢看到别人接到远方亲人来信时的那种发自内心的快乐和欣喜的表情。这让他感到了自己工作的意义与价值。

快乐是心灵的选择，或许邮递员这个职业太普通，面对这份枯燥而乏味的工作，有人选择了抱怨、悲伤，但清水龟之助却毫不犹豫地选择了快乐。快乐的源泉，在于懂得知足和对生命的感恩。珍惜每一天的生活，感恩每一天，这才是最可贵的；满足于当下的生活，这才是最快乐的。感恩生命，生命就会变得更长久；感恩生活，生活才会变得更加快

乐。一个人拥有多少金钱并不能表明他就有多快乐，拥有至高无上的社会地位与权势也并不能证明他比别人更快乐。然而，只要你能够珍惜每一天，怀着一颗感恩的心，那每一天都是快乐的。那么，你珍惜今天了吗？感恩了吗？

约翰是饭店的经理，他每天心情总是很好，每当有人问他近况如何时，他总是回答："我快乐无比。"

如果某位同事心情不好了，他就会告诉对方："每天早上，我醒来就对自己说，约翰，今天有两种选择，你可以选择心情愉快，也可以选择心情不好，我选择心情愉快；每次有坏事发生，我可以选择成为一个受害者，也可以选择从中学些东西，我选择后者。人生就是选择，你要学会选择如何去面对各种处境，归根结底，由你自己选择如何面对人生。"

有一天，约翰被三个持枪歹徒拦住了，歹徒朝他开了枪。当他躺在地上时，约翰对自己说："有两个选择：一是死，二是活。"他选择了活，医护人员告诉约翰："你会好起来的。"但是，他被推进急诊室后，约翰却从医生眼里读到了"他是个死人"，约翰知道自己需要采取一些行动。有个护士大声问约翰："你有没有对什么东西过敏？"约翰马上回答："有的。"这时，所有的医生、护士都停下来等他说下去，约翰深深吸了一口气，然后大声吼道："子弹。"病房里顿时响起了一阵笑声，约翰接着说道："请你把我当

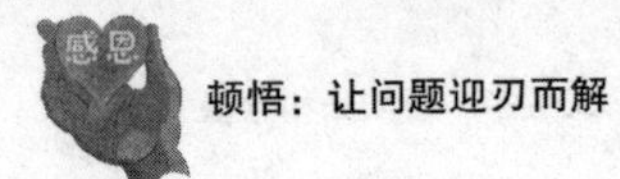

活人来医，而不是死人。”经过了18个小时的抢救和几个星期的精心治疗，约翰出院了，只是仍有小部分弹片留在体内。

6个月后，一个朋友见到了他，问他近况如何，他说：“我快乐无比，想不想看看我的伤疤？”

怀着对生活的那份感恩，约翰总是选择看到事情的积极面，他的心灵为快乐做出了选择，所以，他总是告诉人们：“我快乐无比。”即使身负重伤，连医生都感觉他没有任何希望的时候，约翰依然选择了乐观面对，因为心灵的选择，约翰幸运地活了下来。如果要问是什么支撑着他与死神战斗，那么，毫无疑问，是那份心灵的感恩以及乐观积极的生活态度。其实，快乐与否，与我们心灵的选择有关。心情是可以选择的，何不选择看到事情的积极面，让自己的快乐多一点呢？

第5章

人间有情，快乐不在于索取而在于施予

生活就是“一个七日接着又一个七日”，人的一生之中大多数的日子都是平淡的，几乎可以说得上是千篇一律，然而如果你肯用心体会，在这平淡的生活中又往往能够看到很多不平凡之处。轰轰烈烈往往只是生活中的调剂品，生活的主色调就是平淡，然而有了感恩，我们的心中便拥有了那一个个值得回忆的宁静午后；因为有了感恩，我们能够在偶尔的喧闹过后找回真正的自己；也因为感恩，我们有了对人生绚丽多姿的执着。感恩是一种胸怀，在我们感激别人的帮助和付出时，我们自己也应该不忘施恩，不忘去为别人的生命增添一抹色彩。

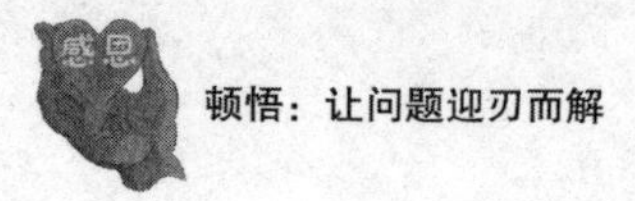

滴水之恩，当涌泉相报

现今社会，啃老一族日渐壮大，他们打着工作难找、生活压力大的旗号，大张旗鼓地吃父母的老本，让父母养着，还整天一副怀才不遇的表情，真是让人气愤。这些啃老的年轻人，似乎觉得父母的给予和付出是理所当然的，“谁让他们是我的父母，把我生出来呢？”他们很多时候会这样想。这些人已经把基本的道德丢到了一旁，心中只有自己，凡事只看到自己的利益与得失。这种人很可悲，除了父母，没有人再愿意和这样的人打交道。

有一个人出外旅行，来到一条水流湍急的河边，他站在那里束手无策。有一个住在附近的人，看到他遭遇困难，就走过来，很爽快地把他扛在肩上，送到对岸。

由于这人没什么钱，不能给那个好心人适当的报酬，他站在河边，觉得很过意不去，但正当他心里这样想的时候，看到那个人又回到对岸，继续把不能过河的人送了过来。

于是，他走到那人身边说：“现在我已经不再感激你

了。根据我的观察，你有帮助任何人渡河的癖好。”

可当他回来的时候，那人却不肯再背他过河了。

别人抱着一颗感恩的心去帮助遇到困难的人，而遇到困难的人却觉得受到对方的帮助是理所当然的话，那么就不会有人愿意再去帮助他了。感情是相互的，别人为你付出，没有希望得到你的回报，但是一句感激的言辞和一颗感恩的心是不能缺少的，你不能因为别人的高尚就把自己的道德丢失。

同样道理，父母虽然生你养你，给了你睁开眼睛看世界的机会，给了你体验生活的机会，你不但不去感恩，反而让自己成为父母的负担，这和以怨报德有什么区别呢?

一位老华侨，在国外跋涉半生，几经沉浮，衣锦还乡的他萌生了济世助人、造福乡亲的念头。于是老人在家乡的学校，选了一些学生作为资助对象。家人嗔怪他的愚昧，既是捐赠，又何必这么复杂，通过希望工程等方式不是更好。老人摇头说：“我的血汗钱只给那些配得到它的孩子。”哪些孩子才有资格得到他的资助，是优等生还是特长生，谁也不知道老人心里的答案。

老人买来很多书籍，分类别包装好，准备寄给那些孩子。家人面面相觑：这样微薄的赠予是不是太寒碜了？大家断定书中自有“黄金屋”。可翻来翻去也没有找到夹在书中的钞票。只是，在书的第一页看到了老人的笔迹：赠给品学

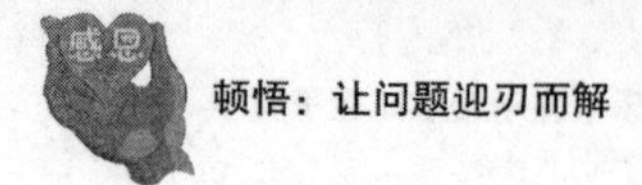

兼优的某某某。落款处是老人的住址、姓名、电话。

夕晖来去匆匆，老人常常对着电话发呆，又莫名其妙地唉声叹气。从黄叶凋零到瑞雪飘飞，谁也猜不透老人的心事。

终于，有人读懂老人的心，他收到新年的一张贺卡，很普通。封面写着：“感谢您给我寄来的书，虽然我不认识您，但我会记着您。祝您新年快乐！”没想到老人居然兴奋得大呼小叫：“有回音了，有回音了，终于找到一个可资助的孩子了。”

家人恍然大悟。终于明白老人这些日子郁郁寡欢的原因，他寄出去的书原来是“试金石”，只有心存感激的人才会有机会得到他的资助。

的确，感恩之心是一块试金石，有人对社会感恩，希望能够给有需要的人一些帮助，这些人是善良和伟大的，但是再伟大的人也不希望自己的真心换来的是他人的冷漠，心与心的交流需要感恩，没有感恩的心就像荒芜的沙漠，滴再多的水进去也只能迅速渗入、干涸。一个冷漠的人是不值得别人去付出的，一个不懂得感恩的人，纵使给他再多的温暖，他也不会把温暖分给别人一丝一毫。爱心是需要传递和相互感染的，一个使爱心停滞的人，根本不配得到他人的关爱。

树叶感激大树的孕育，飘落之后化作养料滋养大树；花儿感激雨露的滋润，开得娇艳芬芳之余不忘送出缕缕清香。世间的生物都懂得感恩的道理，都对他人的给予心怀感激，

作为最高级的人类，绝不可以无动于衷地接受他人的给予和付出。所以，感恩是每个人应该深深刻在心中、身体力行的生活态度！

助人为乐，别吝啬你的举手之劳

现实生活中，我们总是期望别人能为自己做些什么，总是在看别人对自己是否关心、是否照顾，可是我们有没有反过来想一想，在别人需要帮助的时候，我们是否伸出了援助之手？哪怕是举手之劳，我们有把它付之于行动吗？要知道感情都是相互的，种什么因结什么果，只有大家都愿意行举手之劳，社会这个大家庭才能够温暖，而且在帮助别人的同时，其实就是在帮助自己。尝试着为别人做一点好事，并使之成为一种习惯，你善良的心终会感动身边的人，你的小小善举也将让人间充满真情。

曾经听过这样一个故事：

李明夫妻搬入新居，心情非常好，两个人窝在沙发里，遥想着今后的日子，心里甜滋滋的。

就在这时，门铃响了。李明开门一看，门外站着两位不认识的儒雅的中年男女，看上去是一对夫妻。李明正感到疑惑，那位男子主动介绍他们是一楼的住户，特地上来祝贺乔

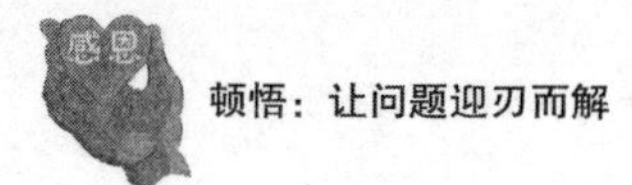

迁之喜。

一听是邻居，李明赶紧往屋里让。男子连忙摆手："不麻烦了，不麻烦了，还有一件事情要请你们帮忙。"李明说："千万别客气，有什么事情需要我们效劳？"

男子说："以后出入单元防盗门的时候，能不能轻点关门？我老父亲心脏不太好，受不了太大的声响。"说完，他静静地看着李明，眼里流露出一股浓浓的歉意。

李明沉吟了片刻，很坚定地说："这当然没问题，只是怕有时候急了会顾不上。既然您父亲受不了惊吓，为什么还要住在一楼？"

他妻子接口解释道："其实我们也不喜欢住一楼，既潮湿又脏，但是父亲腿脚不方便，住在一楼出去活动一下比较方便。"

听完后，李明心里顿时一阵感动，便答应以后尽量小心。两口子千恩万谢，弄得李明夫妻倒有些不好意思了。

后来渐渐地，李明发现他们单元与其他单元的确不太一样。人们在开关铁防盗门时，都是轻手轻脚的，绝没有其他单元时不时咣当一声的巨响。一问，果然都是因这对夫妻所托。

时间过得很快，转眼间一年过去了。一天晚上，这对夫妻又摁响了李明家的门铃。一见到李明夫妇，两人二话没说，先深深地鞠了个躬，半晌，头也没抬起来。原来就在昨

天晚上，老人在医院病故了。在临终前，他对儿子交代说：非常感谢大家这些年对自己的照顾，要儿子在自己死后好好感谢同楼的邻居，年纪大的给磕个头，年纪轻的去给鞠个躬。

送走了这对夫妻，李明发自内心地感慨道："轻点关门只是举手之劳，居然换来了别人如此大的感激，真是想不到也担不起啊！"

其实生活便是如此，在平平淡淡、平平凡凡之中，你的一次举手之劳，对他人来说或许是莫大的恩惠，你偶尔的无心之举，很可能会挽救他人的生命或者给予他人对生活的希望。

我们说要怀着一颗感恩的心对待生活，对待身边的人和事物，然而究竟怎样做才算是感恩呢？事实上，感恩并非需要专门去做一件事或者去做多大的事，只需你在日常生活中，对他人多一分理解，多一点照顾，哪怕只是举手之劳。

邻里之间多一分忍让，上下楼脚步轻些，住在楼上的不乱蹦乱跺脚，不摔东西，给楼下的邻居一个安静的家；朋友之间多些理解，别人左右为难的时候，自己主动退一步，朋友主动示好的时候，大方接受给予微笑；同事之间多些礼让，沏茶的时候帮别人把水杯蓄满，扔垃圾的时候把别人纸篓里的垃圾顺手扔掉；亲人之间多些关怀，一个问候的电话，一个信任的眼神，所有的这些，对你来说仅仅是一些平

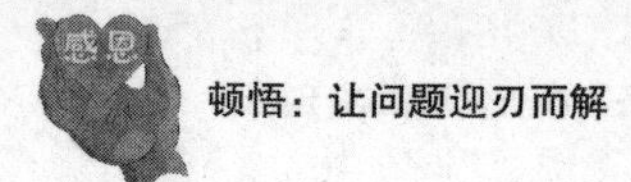

凡的举动而已，但是可能却给予了别人极大的帮助。这都是一些小事，都是很容易做到的事，然而也正是这些小事，让我们的生活充满了真情。

给落魄的人足够的尊重即是施恩

在这个纷繁的世界中，每个人或多或少都会得到他人的帮助，也多多少少会帮助到他人，很多时候我们的无心之举往往能够得到他人的真心感谢，而刻意为之的施恩，却遭到冷漠的回应。在你做了好事之后得到的不是感恩、感激，这种结果着实让人心凉，然而你有没有仔细想过，别人为何对你的善意表示抗拒呢？俗话说，有果必有因，如果你不明白其中的道理，就永远也不能够得偿所愿。

先来看这样一个故事：

有一位老人，每晚8点左右总会出现在某县委大院的垃圾箱边上捡破烂。他衣着褴褛，但却神情坦然。这位老人虽然每天都到大院里捡破烂，但与其他捡破烂的人不同，他每次都会在天黑以后才来，而且仅仅只是捡破烂。除了别人扔掉的东西，他从来都是秋毫无犯。这对一度饱受“顺手牵羊”之苦的大院住户来说，实在是个惊喜。

后来，人们知道了老人捡破烂的真正原因：老人原是某

国营工厂的退休工人，由于老伴长年体弱多病，老两口受尽了儿媳的气。倔强的老头一气之下，就与老伴搬出来租了一间破房子住，老两口相依为命，过起了清苦的日子。由于原单位倒闭了，两位老人就没有了经济来源，生性高傲的他为了凑足为老伴抓药的钱，不得不背上蛇皮袋出来拾破烂。

当大家知道了这段隐情后，都唏嘘不已，从此看他的眼光也多了几分同情与敬重。

邻居有位热心的大伯，他总是担心老人晚上捡不到什么，便很客气地将一袋上好的橘子递给老人。老人先是一愣，随即嘟哝了一句："我是捡破烂的，不是乞丐。"随即拍拍手，提着瘪瘪的蛇皮袋起身就走。接下去的好几天他都没有再来。

热心的大伯很默然，一到那个时间就总是向垃圾箱瞅去。几天后，老人终于又出现在大院的垃圾箱旁。等他离去时，大伯便回屋拿来一个铁锤，在垃圾箱旁的大树上钉了两颗铁钉。第二天黄昏，热心大伯就将一些包扎好的食品挂在上面的钉子上，又将一些废旧物捆扎在一起，挂在下面的钉子上。捡破烂的老人来了，他取走了挂在树上的两个袋子。

后来，大院里的许多住户都知道了这个秘密，于是那两个钉子上便常常会挂许多胀鼓鼓的食品袋。门卫也很默契，除了晚上让老人进来之外，对其他捡破烂的人一概拒之门外。

据经常晚归的小王说，他看到老人每次取挂在树上的那些食品袋时，总会眼含热泪。

为什么热心的大伯把上好的橘子直接递给老人，老人却严词拒绝了？而后来把食品和废旧物品挂到树上老人却含泪取走呢？这是一个值得人们深思的问题，这其中的关键原因就在于，前者是当着老人的面对老人进行施舍，虽然在热心大伯的心中觉得自己是在帮助老人，且丝毫没有看不起老人的意思，但是却实实在在地伤了老人的自尊，的确，除了乞丐谁会明目张胆地接受他人的施舍呢？所以老人用一句“我是捡破烂的，不是乞丐”来回应大伯。当然这位热心大伯后来肯定也想到了这一点，于是他才在树上钉了两颗钉子，不仅解决了面对面的尴尬，也使老人得到了更多人的帮助，所以老人在取东西的时候总是眼含热泪，因为他被打动了，他心里满含着对大院人们的感激与感恩。

每个人都有自尊心，也都希望得到他人的尊重，所以无论你是出于怎样的想法，帮助别人时都要顾及对方的感情，不要因为自己的行为是善举，就不顾及他人的情感。在你帮助他人的时候，要顾及他人的尊严，这样别人对你的感恩，就不止于你对他的帮助，更是对你保护他尊严的感激。

有一个乞丐跪在地铁通道里摆着铅笔摊乞讨。

来了一个商人，丢下一美元，匆匆离去。一会儿，这位商人又跑回来，认真地对乞丐说：“咱们都是商人，都是

卖东西的，我刚才付了一元钱给你，没拿东西，现在我要拿走。”说着，蹲下来，挑了几支铅笔走了。

商人的话，让乞丐大为震惊。他第一次听到有人称他为“商人”，第一次听到有人说他是在“卖东西”，他一下子找到了做人的尊严。他迅速站立起来，掸掸身上的土，开始认真经营起他的铅笔摊。经过几年的努力，他成了名副其实的商人。

多年之后，他衣冠楚楚去参加一个商界聚会，在那里，他见到了那位商人。他毕恭毕敬地走过去，深深地鞠了一躬，充满感激地说：“谢谢，先生！是你让我找回了做人的尊严！”

商人曾经的无心之举让乞丐找回了尊严，也造就了一个新的商业大亨。一个人心灵的世界是靠尊严支撑的。不怕没有钱，就怕没有尊严。尊严的力量，能让乞丐变成商人，也能让一个人变成失去灵魂的乞丐，尊严可以改变一个人的命运。

感恩很简单，当别人对我们进行帮助的时候，我们要感恩，当别人保护了我们的尊严的时候，我们要感恩。每个人都需要他人的尊重，你对他人的尊重，才是别人对你感恩的基础。不要以为所有的善良都会得到感激和美好的回应，要知道，任何践踏了他人尊严的善举在他人眼中都是一种亵渎，所以如果你真心想帮助别人，不如先学会尊重他们，因为感恩是建立在彼此尊重的基础之上的。

快乐来自你的施予

一天，一个农夫担着两筐鸡蛋去集市里卖。在经过一个山坡时，几十个鸡蛋从筐里掉出来摔了个粉碎。但是，这个人头也不回地只管向前走。

有人就提醒他："你的鸡蛋摔碎了不少，你怎么不看看？"

这人回答说："我知道啊！但幸好没有都摔碎。既然碎的已经碎了，看了又有什么用呢？还不如早点赶到集市上去卖个好价钱呢。"

生活中我们会遇到许多不如意的事情，大多数人都会因此而意志消沉或者捶胸顿足、咆哮怒吼，后悔不已，真正能做到像那个农夫一样，不为失去的鸡蛋难过，而是想着把剩下的鸡蛋卖个好价钱的人太少了。这个农夫是个积极向前看的人，或许会有人笑他傻，但是透过他的行为我们能够看到他的豁达和乐观，以及对于自己所拥有的珍惜和感恩。

有一个诗人神情沮丧地找到天使。天使问他："你不快乐吗？需要我来帮助你吗？"

诗人说："我什么都有，可是我只欠缺一样东西，你愿意给我吗？"

天使回答说："可以，你要什么我都可以给你。"

诗人直直地望着天使说道："我要的是幸福。"

这可把天使难住了，天使想了想，然后说：“我明白了。”然后，天使就将诗人现在所有的东西都拿走了。

一个月后，天使再次来到诗人面前，只见诗人已经饿得半死，衣衫褴褛地躺在地上挣扎。

于是，天使把诗人的一切还给他，又离去了。

半个月后，天使又一次来见诗人。这次，诗人挽着他的妻子，不住地向天使道谢。

因为，他得到了幸福。

老人们经常说自己的孩子“身在福中不知福”，的确如此，很多时候在我们拥有一切的时候总是觉得生活不如意，不顺心，而等到所拥有的一一失去之时，才明白自己当初多么幸福，就像故事中的诗人一样，只有失而复得才让他切实体会到了幸福的真谛。所以我们要学会用感恩的心看待周围的一切，要感激上苍赋予我们的生命，给予我们亲人和朋友，珍惜你所拥有的，就是珍惜幸福。

俗话说：“比海更宽的是天空，比天空更大的是人的心灵。”不论有多么不幸的事情发生，多么悲伤的事情降临，拥有感恩、快乐之心的人，即使仰望夜空，也会有一种感动，也能体会到一丝快乐。

一次，文森特的朋友切克去拜访他。切克问文森特：“如果你一个朋友都没有，你会不会很难过？”

“当然不会，我会想，幸好我还有自己。”

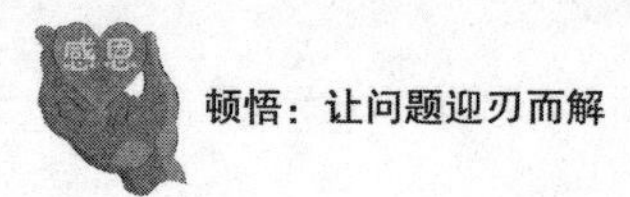

“如果你被人莫名其妙地打了一顿，你还会高兴吗？”

“当然，我会想，幸好我没有被他们杀害。”

“如果你去拔牙，医生把牙给你拔错了，你还会高兴吗？”

“当然，我会高兴地想，幸好拔错的只是一颗牙，而不是我的内脏。”

“如果你的妻子背叛了你，你会痛恨她吗？”

“不会，幸好她背叛的是我，而不是国家。”

“如果你失去了生命，你还会高兴吗？”

“当然，我会想，我开心地度过了我的一生，就让我跟着死神，高兴地参加另一个宴会去吧。”

切克彻底服了文森特：“这么说，生活中就没有令你感到痛苦和不如意的事了，你的生活永远都是一串快乐的音符吗？”

“是啊，只要你愿意，只要你懂得感恩，你就会在生活中发现快乐。”

真正能够做到像文森特一样懂得感恩，在生活中发现快乐的人并不多，或许能做到其中一两点或者几点，已是很不容易。事实上，我们并不需要要求自己完全地忽视痛苦的存在，而是要养成一种积极向上的生活态度，一种在任何悲伤困苦面前都能够坦然接受、继续前进的乐观精神。学会知足，多看看自己所拥有的，你会发现痛苦的存在就是为了突

显生活的美好，学会感恩生活，美好与幸福就会永远伴随在你的身边。

人生偶有失意，在所难免。失意，会让我们冷静地反思，让我们学会正视自己的缺点和弱项，努力克服不足，不断完善自己。一遇到失意就心灰意冷的人，永远都只能是个失败者。人只有学会善待自己，学会感恩，学会知足，才能拥有一颗快乐的心，才能放开胸怀，战胜自我，最终拥有美满的人生。

以德报怨是最高层次的善良

当我们怀揣一颗感恩之心来面对世事时，当我们用一颗乐观之心来面对困难时，当我们受尽苦痛折磨依然感激上苍，甚至依然能够用自己的善良去帮助他人的时候，我们并没有期待别人的感谢、感恩，然而往往这种不计较不抱怨的付出，才最能打动人心。或许你还不知道，你的这种感恩和小小的善举可能曾经拯救过一颗堕落的灵魂，曾经让一颗冷硬如石的心融化。

菲尔是个小偷，他的专业技术可以说已经到了“炉火纯青”的地步。在同出一门的师兄弟中，他是唯一一个没有被逮住过的人。因此在这一行中，他的声望极高。他也曾口出狂言说：天下没有他拿不到的东西，也没有他进不了的房子。

这天，他正一个人在镇上的酒馆里喝酒，刚好遇到了他的朋友比利，一个不久前从监狱里放出来的师弟。两人先是拥抱了一阵，然后一边促膝交谈一边喝酒。比利告诉他，在这个小镇教堂对面的那条街的中间，有一户人家，家中有几万美元的现金，然后问菲尔敢不敢去。菲尔轻蔑地一笑，回答道："为什么不敢去？"

"他家里可是养了一条很凶很凶的狼狗哦！"比利提醒道："这不是问题，我的朋友。"菲尔对自己非常自信。

第二天晚上，菲尔就带上了他的宝贝万能箱朝街心走去。很奇怪，整条街都是漆黑的，只有街心有户人家亮了门灯，而且这家就是他所要找的那户人家。他先把安眠药涂在肉上，然后扔在了狗的面前，不一会儿，狗便倒下了。接着，他熟练地打开房门，发现外屋里的人还没有睡，但这并不影响他的工作。因为他知道，一个出色的小偷是不会在意工作时外界的环境是如何恶劣的。凭着过硬的技术，他很快拿到了钱，确确实实是几万美元。他很奇怪，家中有这么多钱，可这户人家竟然没有进行任何防盗措施。这引起了他的兴趣，他把耳朵"伸"到了外屋门边，想一探究竟。

"我说，老头子，咱们是不是该花钱请个保姆啊！咱们两人的眼睛都要瞎了，总不能老这样过下去啊！"屋子里传出一个苍老女人的声音。

菲尔的心一惊：既然是瞎子，为什么要整夜都亮着门灯呢？这就更加引起了他的兴趣。“是啊！老婆子，的确应该，可是现在的日子都不好过啊，哪来的钱请保姆呢？”一个老头子紧跟着回答。

“儿子空难后，航空公司不是赔给我们几万美元吗？为什么不用这些钱？”菲尔的心一沉，用牙齿咬了咬嘴唇，继续听下去。

“你疯啦老婆子！你怎么忘了，我们不是说好用这些钱给镇子里的孤儿盖一栋房子的吗？”

菲尔的心一震。

“是啊！你看我这记性，都给忘喽！老喽，不中用了。可是，咱们也得花钱交电费啊！门口的灯整夜亮着，很耗电啊！”

“没关系，只要别人在这条街上走路不摸黑就行了。你也知道，这条街上的路很难走的，又是夜里，万一行人跌了跤怎么办？还有咱们的‘儿子’克拉尔，虽然它每天都要骨头喂，但只要咱们每天多糊两个小时的纸盒就行了，这日子还是能过的啊！有了克拉尔，行人就不用担心这条街有强盗了啊！”

“是啊，也只好这样了，谁让我们年轻那会儿只养了一个儿子呢！早知道今天，还不如当初多养一个呢！”老妇人抱怨道。

当晚，菲尔坐在门口流了一夜的泪。他也是个孤儿，也

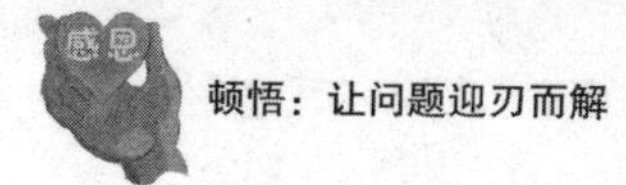

是被人领养的，但他不服新爸爸对他的管教，一怒之下偷跑出来，才干上这一行的。

第二天，老夫妇的门口留下了两样东西，一样是他们的几万美元，另一样则是一个很小巧、很别致的万能箱。

从此，这个小镇上就再也没有人看见过菲尔了。菲尔就此神秘地消失了，没有人知道他去了哪里。

老夫妇用自己的真诚表达了对世人的感恩，也正是这种感恩之心不仅让他们赢回了本来会丢失的金钱，更用自己的宽容和乐观感染了菲尔那颗曾经冰冷的心。试着用感恩的眼光去寻找平凡生活中的温情吧，你会发现，这世界原来是这么美好！这个世界，总有一些东西让我们温暖，让我们感动，让我们感恩。

生活在这个世界上，每个人都会有遇到困难和痛苦的时候，如果你只是一味地自暴自弃，不仅会使自己坠入万劫不复的境地，更会让周围的人和你一起痛苦。而如果你依然感恩，依然感谢上苍让你保留着生命享受着生活中的一切，并且用自己微薄的力量去帮助他人，感化他人，那么即使是一个失去良知的人也会因你而从此洗心革面，一只伸向你的黑手也会因为你的感恩而放弃。如果人人都用感恩之心来对待生活，那么善良便会充满人间，黑暗和邪恶自然就会减少。让我们用感恩的心去感动每一个人，让我们心怀感恩，告诉身边的人，只要活着，生活就是美好的，只要还拥有生命，就值得感恩！

第6章

勿忘恩师，感受新的启示和指引

感恩，是一种美好的情感，是人的高贵之所在，常怀感恩之心，我们便能够生活在一个感恩的世界里。充满感恩的世界一定是非常美好的，因而我们的人生也会变得更加美好。就像曾经漫步在校园里，有老师的关心和教诲，让我们在人生的起航处充满了对未来的希冀和向往，无论走到哪里，师恩是我们永不该忘记的情。

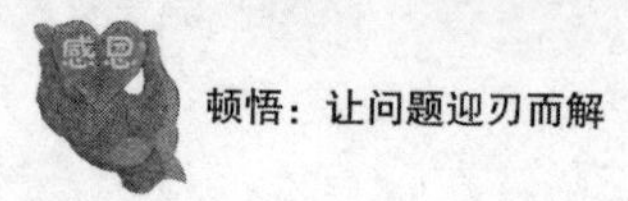

求知路上，老师是我们的领路人

没有人天生什么都会，人之所以能不断成长，是因为人善于学习。在学习中，没有老师的指导和教诲，很容易会走向误区。因而老师是我们求知路上不可或缺的领路人。他们帮助我们解决疑惑和困难，帮助我们在学习的道路上百尺竿头更进一步。

也许有人会说，我天生自学能力强，无师自通。其实，即使你是自学，你也要有学习的书籍和资料，那么编撰这些书籍的人就是你的老师，即使你在生活中学习，那么你所模仿的那个人就是你的老师。所以一个人的成长离不开老师的引领。

刘老师是高中语文老师，她知道很多古今中外的故事，也经常把这些故事穿插在当天的课程里讲给同学们听，大家都特别喜欢听她讲课。可是小琪却是个例外，为此刘老师专门找她了解了情况。

原来，小琪在上初中的时候，有一次被老师叫起来回答问题，刚好那天她状态不好，回答时前言不搭后语，老师非

常不高兴，便当着全班同学的面训斥了她，小琪很难受，她觉得自己的自尊心受到了极大的伤害。从那以后，小琪就不再喜欢上语文课，无论是多吸引人的课文都不喜欢。

听完小琪的讲述，刘老师语重心长地对她说："老师只是希望你能努力，也许话说得狠了点，但是我想她应该没有别的意思。你不要拿老师的错误来惩罚自己啊，要对自己负责任啊，你已经不是小孩子了。"说完，拍了拍小琪的肩膀，走了。

那天，小琪想了很多，她觉得刘老师说得对，为什么要拿别人的错误来惩罚自己呢？她感到很幸运自己能够遇到刘老师，并且听到这样一番话，不然她的高中三年可能和语文课就无缘了。从那以后，小琪开始认真地上所有的课程。

"老师是引路者，更是我们的好朋友。他们所做的都是在帮助我们成长，所以，我们没有任何理由去责怪他们，更不能因此而惩罚自己。"这是小琪之后说的一句话。

故事中的刘老师，她不仅课讲得好，而且能够及时发现学生的不足之处，加以引导和教育，使小琪不再有心理阴影，重新开始喜欢语文课，是非常值得尊敬的好老师。老师，是一个多么神圣的词汇。在我们成长的过程中，他们给予我们无私的帮助和教诲，使得我们走出误区、一路向前。老师是我们求知路上的领路人，那么我们如何表达对老师的感恩之情呢？

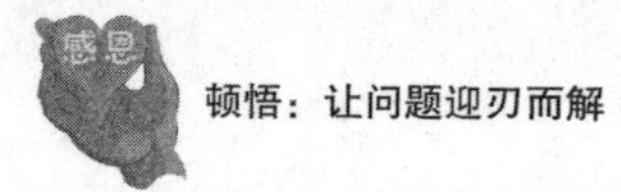

1.认真学习是对老师的尊重

对于老师来说，他并不期待你多大的回报，只是希望能让你有所收获。因此，认真学习就是对老师最大的尊重。很多人尽管见了老师毕恭毕敬，可是对于老师所教所授却不认真对待，这对老师内心造成了无法弥补的伤害。对于老师来说，你的学习态度，学习成果就是对他最好的尊重。因此，作为求学者，我们要明白，老师是我们求知路上的引路人，既然老师在前面引路，那么我们就要好好地跟在后面学习。

2.及时请教是对老师的认可

任何人都有获得他人认可的欲望。老师教授我们知识，是希望我们能够掌握并且学以致用，如果我们遇到问题不懂装懂，无疑就是对老师辛苦付出的不尊重。任何一个为师者，看到自己的学生不把自己放在眼里，内心都不会好受，因为他从你对他的态度上看到了忽视和不认可，这对老师来说是莫大的伤害。

3.三人行，必有我师焉

很多人喜欢在学习的过程中，与自己周围的人讨论问题，其实这样可以让自己更快地掌握新知识。“三人行，必有我师焉。”要谦虚地学习他人的优点和长处，那就是我们的老师。老师是我们学习道路上的领路人，他教会了我们知识和为人处世的道理，我们要在学习的过程中，积极向老师

学习，尊敬老师，爱戴老师。他们付出的是心血，收获的是桃李，他们是值得我们尊敬的人。

人生路上，恩师是我们的引导者

在我们为人处世的时候，会遇到很多不知所措的情景。有些事情到底是对的，还是错的？该不该做？做到什么程度合适？当我们迷茫的时候，不妨去向老师请教。或许他们会帮助我们做出抉择，做出判断。

老师是我们人生路上的引领者，他们会教育我们怎样做人，帮助我们塑造正确的人生观和价值观，教会我们正确地判断是非的观念。这对于一个人的成长来说是非常重要的。

王老师是大学二年级的英语老师，又兼政治老师，她总是给学生讲很多道理，继而教育他们，什么是该做的，什么是不该做的。

有同学问她："我们经常看见几个坏家伙欺负一个小朋友，可我们又不是这几个人的对手，我们该不该见义勇为？"

王老师说："古人云，'见义不为，士大夫之耻也，是为国之耻也。'遇到不义的行为，不仅要敢于和坏人坏事做斗争，还要讲究策略技巧。你们要相信，正义和邪恶的较量，胜利永远属于正义的一方。"

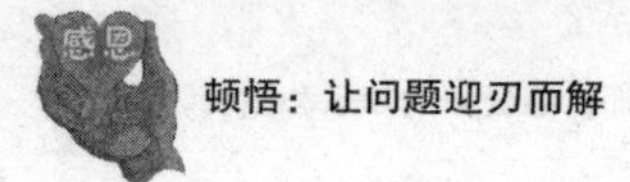

故事中的王老师，她教育同学们在遇见恶势力的时候，要勇敢地站出来做斗争，教育同学们要有爱心。在我们的人生之路上，老师会告诉我们什么是对，什么是错，什么是应该做的，什么是不应该做的。让我们的人生之路走得更加笔直，更加有意义。对于老师的引领之恩，我们该用怎样的方式来表达我们内心的崇敬之情呢？

1.铭记老师的教诲

对于老师的教诲，我们要铭记在心里，让它们成为我们人生之路的灯塔，引领我们一步一个脚印地走下去。当我们走上了正确的人生之路，让自己这辈子过得有意义有价值，那么便是对老师的最崇高的敬意。试想，当我们的老师得知因为自己的教育，让学生成为一个对社会有作用的人后，该是多么高兴和自豪。

2.履行老师的训导

仅把老师的教诲记在心里还远远不够。一个人所走的路究竟是正确的还是错误的，要看他的所作所为是否对社会有益处，给社会和他人带来了帮助还是麻烦。因此，在为人处世的时候，要在实际的行动中把老师的训导践行出来。让他人和社会因为你有一个好老师而受益。

3.发扬老师传达的精神

在我们记住了老师的教诲和训导之后，还要把老师的教诲发扬光大，让更多的人走正直的路，做对社会和他人有利

的事情。这样，无异于表达了对老师的感恩之情。当这种正确的价值观和世界观得到更多人的认可和肯定之后，无疑也是对老师恩情的报答。

老师传授给我们处世的智慧

我们生活在这个社会上，就会和他人发生各种各样的交际关系。仅仅做一个好人并不是一个人处世的良策，如果太过恪守做人的准则，也势必会被社会所淘汰。

处世要有大智慧，做人要方，做事要圆。圆滑处世并不是说要我们偷奸耍滑，而是告诫我们要懂得变通，在不违反我们做人原则的情况下，将事情处理得恰到好处。这些智慧不是课堂里学来的，而是在不断摸索中总结出来的。能让我们明白这些道理的人便是我们的老师。

你听说过加油站的老板被两位陌生人拜访的故事吗？

加油站位于一个小镇郊外的马路旁边。有一个陌生人开车来到这个小镇，看到加油站，便开进来加油。

他停车打开车门，询问加油站的老板："这位老先生，请问这是什么城镇？住在这里的是哪种类型的居民？我正打算搬来居住呢！"

加油站的老板看了一下陌生人，并且回答说："你刚离

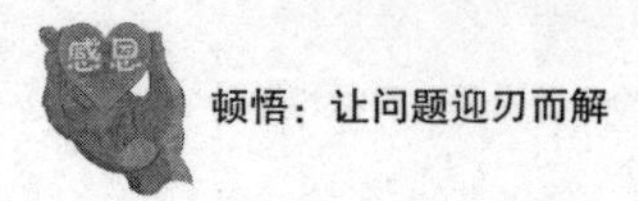

开的那个小镇上的人们，是哪一类型的人呢？”

陌生人说：“我刚离开的那个小镇上住的都是一些不三不四的人。我们住在那里没有什么快乐可言。所以我打算要搬来这里居住。”

加油站的老板回答说：“先生，恐怕你要失望了，因为我们镇上的人，也跟你们那里差不多是一样的人。”

不久之后，又有另一位陌生人来到这个加油站，并且向加油站的老板询问同样的问题。“这是哪一种类型的城镇呢？住在这里的是哪一种人呢？我们正在寻找一个城镇定居下来呢！”

加油站的老板又问他同样的问题。

这个陌生人回答：“喔！住在那里的都是非常好的人。我的太太和孩子住在那里度过了一段很好的时光，但我正在寻找一个比我以前居住的地方更有发展机会的小镇。我原本很不愿离开那个小镇，但是我们希望寻找更好的发展前途。”

加油站的老板说：“你很幸运，年轻人。居住在这里的人都是跟你们那里完全相同的人，你将会喜欢他们，他们也会喜欢你的。”

如果我们在寻找坏人，那么我们就真的遇到坏人；如果我们在寻找好人，我们就一定会见到好人。不善于与人相处的人，到了哪里，都会认为别人难以相处；善于与人相处的

人，见到任何人，都会与人相处融洽。案例中的老板用别人的话来回答他们，让他们知道，如果带着一颗感恩的心，到哪里都会看到生活的美好之处。那么作为学生，我们应该如何领会老师所传授的处世智慧呢？

在与别人的交往过程中，老师教给我们的首先就是要尊重对方，尊重是建立在双方的基础上的，只有自己先尊重了对方，对方才会尊重自己。比如在学习的过程中，我们需要别人帮助的时候，应该以诚恳的态度去请别人帮助，不要觉得别人帮助自己是多么理所当然的事情，我们的诚恳会使别人帮助我们，如果我们没诚意，别人自然就不会帮助我们了。

在与朋友相处的时候，会发生这样那样的小别扭，闹了别扭，要先找自身的原因，看问题是不是出在自己身上，如果真的是自己的原因，一定要向朋友诚恳地道歉，取得他们的原谅。对自己要怀着自我批评，有错就改的态度，在任何时候，出了问题一定要先在自己身上找原因。

做人，一定要坦荡荡、心胸宽广，要做个正直而且善良的人，对别人要抱有诚挚的态度和宽容的胸襟。在与别人交往的时候，自己对对方是怎样的，对方对自己就会是怎样的，就好比一个人照镜子，你自己的态度和表情照在镜子里，反射出的样子就是你给别人后别人又还给你的表情和样子，所以一定要真诚对待他人。你若真诚待人，别人也会很

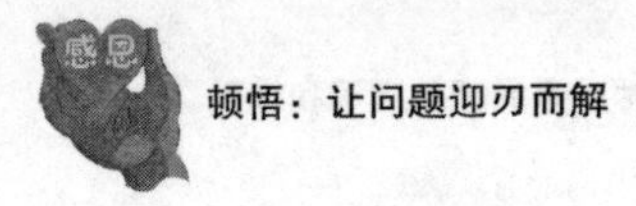

真诚地对待你。

老师的表扬，是我们最大的奋斗动力

任何人都希望能得到别人的赞赏，因为那是对我们的肯定与认可。尤其是一些领导的认可，因为他们代表着权威。他们比我们优秀，他们是我们的老师。因为他们的表扬，我们肯定了自己，初尝了成功，也因为他们的一句否定，我们的付出可能便没有了任何意义。

在一次家长会上，老师告诉一位母亲，她的女儿学习成绩很差，如果不加把劲的话，将来恐怕会考不上重点大学。

回到家里，这位母亲并没有责备女儿，也没有把老师说的话告诉她，而是对女儿说："你非常聪明，学习也很不错，但是如果你更加努力的话，将来一定能考上重点大学。"

女儿听了点点头。从那以后，女儿真的放弃了很多玩耍和休息的时间，常常废寝忘食地学习，后来女儿如愿以偿地考上了北京大学。

就在那天，女儿拿着北京大学的录取通知书兴冲冲跑进了家门，她大声向她的母亲说道："妈妈，我终于考上北京大学了。"说着便哭倒在母亲的怀中："妈妈，其实我知

道我不是个听话的孩子，别人从来都觉得我不行，只有你妈妈，只有你一直以来都是那么欣赏我……”

就是那么几句平淡的话，几句安慰的话，让一个被认为是“不行”的差生一步一步地走进了最高学府。

案例中的女儿因为得到了母亲的表扬，内心深处得到了自我的肯定和认可，继而发奋努力，最终如愿以偿地考入理想中的大学。在这个过程中，母亲就是她人生路上的老师，得到了老师的表扬，得到了自我的认可。由此可见，一个人能不能走向成功，不光靠自己的努力，还要靠别人的认可。如果你想要改变你的亲人、朋友，那么请你鼓励他，欣赏他，表扬和鼓励相较于批评和责骂更能得到意想不到的收获。

没有人喜欢做一个废人，一个可有可无的人。在人生路上，我们会因得到老师的认可，因为自己的成功而备感喜悦。当我们初尝了成功的喜悦之后，我们便会更加努力，更加勤奋，继而取得更好的成绩。

公司新来的销售员跑市场屡屡碰壁，对做市场营销失去了信心，他向公司递交了辞呈，公司的董事长得知消息后，找到这位销售员，对他说：“你是很有闯劲的人，你对销售有自己的见地，对市场分得很细，对客户很细心，就这么离开公司，实在是太可惜了。”销售员低着头，满脸羞得通红，不敢抬头。

听公司的董事长这么表扬自己，他觉得实在是受之有愧，因为他知道自己缺乏闯劲，对市场没有做过细分，对客户也不够用心。但是，他打消了辞职的念头。他说，无论如何，他也要做到董事长所说的那样，这份表扬不能白白承受。

很快，他从失败的阴影中走了出来，以饱满的热情重新投入到工作中去了。这次他没有蛮干，而是对市场做了进一步的细分，把客户当做衣食父母。经过他的不懈努力，销售业绩直线上升，最终成了全公司最优秀的销售员。当董事长再次夸奖他的时候，他露出了得意的微笑。

每个人都希望自己能够品尝到成功的滋味。案例中的销售员尽管没有作出业绩，但是董事长仍对他的努力表示了肯定和认可。在初尝了成功的滋味之后，继而在接下来的工作中表现得愈加出色。

我们总是很在乎今天有没有受到表扬，表扬是对自己的一种肯定，只要得到了表扬，一天都会有好心情，还会在做任何事情的时候格外有动力。因为我们觉得自己是有能力把事情做好的，自己所做的一切是有意义、有价值的。

在一个人的所有需求中，最深层、最渴望得到的是别人的欣赏和认可。就算是最枯涩无味的表扬也能给别人带来欣喜，或许这些言语对于说话的人来说无关紧要，但是对于别人来说，却能起到非同一般的作用。表扬可以使人快乐，使

人振奋，甚至可以改变一个人对生活的态度。所以从一定意义上说，欣赏一个人是对他的最大鼓励。

恩师的批评让我们反躬自省

“知错能改，善莫大焉。”老师在一定的程度上是最了解我们的人，他知道我们身上有哪些坏毛病，有哪些好习惯，所以在老师指出我们的错误时，一定要深刻反省，看自己错在了哪里，加以改正。

小军今天回家显得没精打采的，吃饭的时候也不像平时那样在饭桌上叽叽喳喳的，一句话也不说，吃完就去自己的卧室写作业了。妈妈洗完碗筷去小军的卧室，问：“你今天怎么了，回家显得不太高兴，是不是在学校出了什么事？”

小军才说：“今天，我又被老师批评了，因为我上课的时候和同学说话了。”

妈妈说：“那你觉得老师批评得对吗？”

小军低着头说：“老师批评得对，上课说话是我最大的毛病，也让我觉得很苦恼，可我就是管不住自己的嘴巴，有时候，我也很想把自己的嘴巴缝起来。”

妈妈扑哧笑了：“缝起来有用吗？你还是要自己去管住自己，在上课的时候不要再去说话，要认真地听课，时间一长，上课的时候也就不说话了。”

小军说：“嗯，我以后一定要改掉上课说话的毛病。”

后来每天小军出门上学的时候，妈妈都会追到门口叮嘱一句：“上课的时候不要说话，要认真听课。”小军也在上课的时候，忍着不再和同桌说话。

时间一长，小军真的改掉了上课说话的坏习惯，老师也在周会的时候表扬了小军，说他知错能改。小军觉得特别高兴，回家就跟妈妈说了老师在周会上表扬他的事情，妈妈笑着说：“以后老师若是批评你了，你一定要先从自己身上找原因，改正错误。”小军高兴地点点头。

同桌也改掉了上课说话的坏习惯，在期末考试的时候，小军和同桌都取得了比以前更好的成绩。

小军刚开始的时候喜欢在课堂上说话，后来在老师和妈妈的帮助下改掉了坏习惯，同桌也在不知不觉中改掉了上课说话的坏习惯，他们都在期末考试的时候取得了好成绩。

由此可见，老师的批评是多么重要，老师的批评会让我们知错，然后加以改正，就像长歪了的树木，加以修剪，才能长成参天大树。

批评也是一种教育手段，如果老师单纯因为成绩的不理想而批评学生的话，那么同学们就要多去努力，让自己考出优异的成绩。在受到老师的批评的时候，应该先从自己身上

找原因，是我没有按时交作业，还是因为上课说话扰乱了正常的课堂秩序。找到了原因要加以改正，保证自己以后不再犯类似的错误。

其实每个人都会犯错误，只有在犯了错之后不逃避，不推卸责任，勇敢地承认错误并加以改正，才能继续前进。坚强的人总是经过了无数次的失败才磨炼出比别人更坚强的意志。

恩师挖掘了我们的潜能

也许我们自己都没有发现，很多时候是老师第一个发现了我们身上的潜能。因为他们引导着我们前进，他们比我们更了解自己。正所谓“因材施教”说的就是这个道理。他们是伯乐，因而更容易发现各种“马”的潜能。

对于丁丁来说，他的语文基础知识学得很扎实，但是作文是个弱点，每次写的作文不是没有写够字数，就是跑题了，因而语文成绩一直上不去。妈妈也专门给他报了作文班，可他还是一点长进也没有，丁丁也觉得很沮丧。

有一天的作文课，老师又让同学们写作文，丁丁很是发愁。到交作文的时候，他在作文本上写了一首自己的小诗交了上去，他心想，反正都要挨骂，无所谓了。

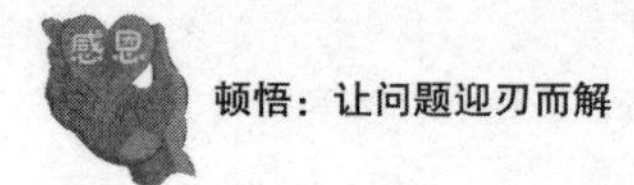

第二天，老师念了丁丁写的小诗，老师念得很投入，同学们仿佛也被吸引进去了，念完之后，老师让同学们分析这首诗。同学们七嘴八舌地发表着自己的看法，有的说用了拟人手法，有的说用了比喻，众说纷纭。

王老师在最后做了点评说："丁丁，你的小诗写得很好，为什么你不能把在小诗中用到的写作手法运用到作文当中呢？"

在老师的帮助之下，丁丁的作文水平有了很大的提高，他很感谢王老师，因为是他激发了自己的写作潜能。

丁丁刚开始的时候并不擅长写作文，后来无意中交了自己写的一首小诗，老师在他的诗中发现了他的写作潜能，继而激发了他的写作热情。

在我们的人生路上，老师之所以是老师，因为他们能告诉我们不知道的阅历和知识，在这个过程中，他们更加清楚我们的缺点与不足，更加知道我们需要什么，因而对我们的潜能也是最早发现。因此，从这个角度来说，老师是第一个发现我们潜能的人。

我们在学习的过程当中掌握了哪些知识，没有掌握哪些知识，老师也是很清楚的。案例中的王老师，针对不同的学生做了有针对性的教育，是非常值得学习的。因为每个人的天赋和才能是不一样的。

都说慧眼识金，老师们应该都是有双慧眼的吧，他们

发现我们身上潜在的能力，再对我们加以引导，更好地帮助我们学习。所以，当老师指出我们的潜能时，我们要相信自己，好好地努力去挖掘自己的潜能，在挖掘中收获更多，成长更多。

一日为师终身为父，不忘回馈恩师

“静静的深夜群星在闪耀，老师的房间彻夜明亮，每当我轻轻走过您窗前，明亮的灯光照耀我心房，啊每当想起您，敬爱的好老师，一阵阵暖流心中激荡……”熟悉的歌声响起来，我们又一次想起那些可亲可敬的老师们，是他们引导着我们走向今天，是他们为我们指引着前方的路。是的，每一位学生都应该饱含深情地向老师鞠躬，道一声：“谢谢您，老师！”没有阳光，万物就不能生长；没有雨露，百花就不能释放出芳香；没有老师的教诲，就没有我们的成长和进步。老师似蜡烛，总是默默地燃烧着自己，为我们在茫茫学海中指明方向；老师似小草，朴实无华，却总是默默地奉献出自己的那片绿；老师似太阳，让每一粒种子萌发出新芽。父母给予了我们生命，老师却让我们的生命绽放出更多的光芒。那时候，我们只是无知的孩童，在老师的教诲下，我们成了最优秀的学生，这其中凝聚了老师多少的心血和汗

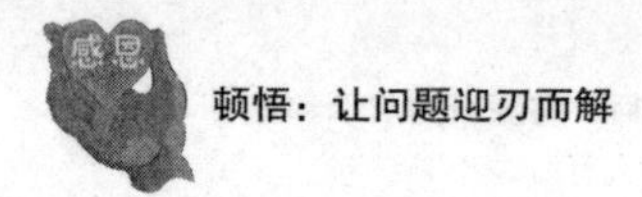

水。所以，深深地感谢您，老师！

徐特立是著名的教育家，毛泽东就曾是他的学生。新中国刚成立时，国家百废待兴，毛泽东尽管日理万机，但始终没有忘记自己的恩师，为此，他特地拍电报，邀请徐特立来北京相见。

徐特立来到中南海做客，毛泽东专门准备了几样湖南的家乡菜，为老师接风洗尘。毛泽东说："没有准备什么好菜，老师请随便用吧。"徐特立笑着说："哎，人好，水也甜嘛。"入座的时候，徐特立对毛泽东说："您是全国人民的主席，应该坐上座。"毛泽东马上谦让道："您是我这个主席的老师，人常说'一日为师，终身为父'，应该您上座。"两人让来让去，最后，还是徐特立坐上了上座。

在北京逗留了几日，徐特立就想动身回去了，毛泽东见老师的穿着，还是像过去那样俭朴，不由得想到徐老的爱子就是为革命牺牲的。于是，毛泽东便拿出了自己穿的一件呢子大衣送给徐老，表示学生和晚辈的敬意，徐特立接过了衣服，不禁激动得老泪纵横。离别的时候，毛泽东拉着老师的手，依依不舍地送了一程又一程。徐特立回到了家中，十分珍爱学生赠送的衣服，只有在庄重的场合，才拿出来穿一下。

许多年前，流行着这样一句话："读到中学，就会忘记小学老师；读到大学，就会忘记中学老师；当走上工作岗位之后，就会忘记所有的老师。"岁月，让我们尝尽了人间的

冷暖，但我们依然不能忘记当初指引着自己走向人生之路的恩师。其实，在我们每个人成长的路上，除了父母，最重要的就是自己的老师了，他是我们人生道路上另外一位贵人。所以无论何时何地，无论自己取得了怎样的成就，我们都应该感谢他们：感谢您，老师！

公元前521年的春天，孔子徒步前往守藏史府去拜望老子。正在书写《道德经》的老子听说誉满天下的孔丘前来求教，赶忙放下手中的刀笔，整顿衣冠出迎。孔子看见大门里出来一位年逾古稀、精神矍铄的老人，心想这就是老子，急忙上前，恭恭敬敬地向老子行了弟子礼。进入大厅，孔子拜了老子之后才落座，老子问孔子："为何事而来？"孔子离座回答："我学识浅薄，对古代的'礼制'一无所知，特地向老师请教。"老子见孔子这样诚恳，便详细地表述了自己的见解。

回到鲁国后，孔子的学生们请求他讲解老子的学识。孔子说："老子博古通今，通礼乐之源，明道德之归，确实是我的好老师。"话语中流露出敬佩之意，他说："鸟儿，我知道它能飞；鱼儿，我知道它能游；野兽，我知道它能跑。善跑的野兽我可以结网来逮住它，会游的鱼儿我可以用丝条缚着鱼钩来钓到它，高飞的鸟儿我可以用弓箭把它射下来。至于龙，我却不能够知道它是如何乘风云而上天的。老子，其犹龙邪！"

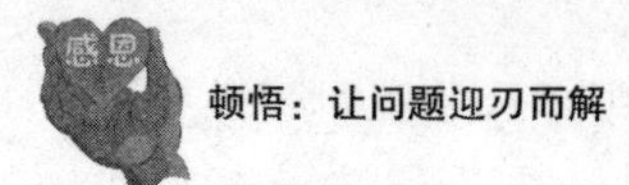

杜甫说："好雨知时节，当春乃发生；随风潜入夜，润物细无声。"老师就是知时节之雨，总是默默地、无私地做出奉献。因为老师的教诲，我们开始有了梦想。我们要学会感谢老师，因为他给予了我们生命的意义。我们每一个人的一生中，有许许多多的老师，有的是自己的启蒙老师，有的是授业的恩师，因为有了他们，我们走出了困惑，从中学到了许多为人处世的道理，领悟了生命的意义。人们常说："教师是人类灵魂的工程师。"是的，在人生路上，有了老师的教导，我们才不致迷失方向；有了老师的注目，我们才变得更加自信。所以，我们不仅要感谢老师，还应将这片感激之情融入自己的行动中。

第7章

珍惜友情，友谊之树需要我们悉心浇灌

友谊是人生一笔不小的财富。但是要想让友谊之树长青，那么就要适当地将我们的感恩之情表达出来。这样别人会觉得帮助你，和你做朋友是值得的，是有意义的，因为你不是个忘恩负义的人。这样一来，别人就会更加愿意帮助你。当然，朋友不仅可以在你困难的时候给予你及时的帮助，更重要的是可以给予你不可或缺的精神食粮。那么朋友究竟对你的成长有哪些实实在在的帮助呢？这正是我们这一章要解决的问题。

友情是世界上最珍贵的礼物

在人生成长的路途中，友谊是种需要，是每个人内心深处迫切向往的一种情感需求。尽管父母能给予我们生活上的照顾，能满足我们在物质上的需求，但是我们还需要友情来浇灌我们的心灵，让我们健康地成长。在这个世界上，也正是因为有了友谊，才让我们勇敢地走过了那些黑暗无助的日子，因为有了友谊，我们才感到了温暖。

王琪这段时间因感冒一直在咳嗽，连续输了几天液都还没好。工作一忙，更咳得厉害。正巧下周四过生日，又逢这周六晚上放假，于是她决定请朋友一起吃饭。不过从十岁起，王琪就没有正式地过过生日，她不愿意让朋友破费买礼物，于是她决定把生日会办成庆祝宴，大家一起开心地玩就好了。

周五晚上，王琪还在邀请最后一个朋友小张：“咳……明天晚上我们一起出去吃饭，咳，咳……恩，好的，那明天下班来我办公室集合。”

通知完所有朋友后，王琪早早入睡。第二天上午，一个叫刘强的同事打电话给她：“王琪啊，你现在在办公室没有啊？”

“嗯，在，我现在在办公室。”王琪接了电话，回答说。

“那好，我马上过来，有人托我给你送个东西。”

王琪心里想：不会是朋友送的生日礼物吧！

过了几分钟，刘强出现了，他递给了王琪一包东西，并说道“这是小张送给你的……”王琪接过来一看，是三包999感冒颗粒，顿时，心中融入一股暖意。她按下了小张的电话，那首《朋友》的铃声让她非常感动。电话接通了，王琪真诚地说了声“谢谢你”。王琪的眼睛有点湿潮，在家的时候习惯了父母的照顾，自己都忘记如何照顾自己，在病痛中却意外地得到了朋友的照顾，大家工作都这样忙，还这样有心地关心她的身体，让她更觉得朋友的珍贵。感动就这样包围着王琪，有生以来，她过了一个完美的生日。

在王琪的心目中，友情是纯粹的，是没有任何杂质的。自己要请客只是希望大家在一起开心，所以隐瞒了自己生日，怕朋友们破费。王琪在生病的时候意外地收到朋友的药包，其实友谊就是这样简简单单的一个举动，一份真实的关心，在你有困难的时候或者是面对低谷的时候，能伸出友谊之手，给你帮助，或者只是陪伴在你的身边给你力量。

所以说如果拥有了一份纯真的友谊请珍惜它，在我们最

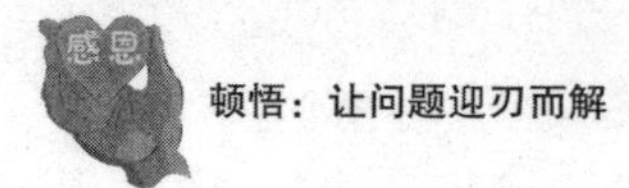

脆弱，最需要帮助的时候，他们将是黑暗中的星星，给你明亮，为你指引道路。

身边的人难免会有遇到这样那样小困难的时候，在生活中做个有心人，伸出你的援助之手，慢慢地，你的朋友会越来越多。比如有人摔倒了，你上前扶一把，得到你帮助的人会因为你的无私和热心而成为你的朋友。这样一来，如果哪天你有需要别人帮助的地方，他们也会向你伸出援助之手，给予你及时的帮助。

朋友让我们看到另外一种人生

书是我们认识世界、了解事物的媒介，在学习和生活中是离不开的。朋友如书，生活中，学习做人也好，学习知识也好，可以从书中获取的在朋友身上一样可以获得。甚至他们给予我们的教诲和帮助，是书本中根本学不到的。

每个人都有属于自己的生活轨迹和不同的人生阅历。在朋友身上看到不同的人生经历，可以使自己看待问题更成熟，对不同的事物有更深层次的理解和体会。进而对人生的理解更丰富，迈出的脚步更稳妥。因此，我们要感恩，感恩朋友给我们带来的帮助，感谢他们让我们了解另外一种人生，没有他们，我们的人生便不完整。

大禹和邓宁是一个宿舍的舍友。刚上大学那会儿，两人是前后脚到学校报到的，因此关系十分要好。

可是，时间不长，大禹发现了一件奇怪的事情，邓宁从来都不和宿舍的同学们一起去吃饭，就连周末也很少见他和同学们一起玩。好几次，大禹主动邀请邓宁，都被他委婉地拒绝了。

这天中午，大禹邀请邓宁一起去吃午饭，邓宁笑着说："你去吧，我一会儿再去。"大禹执意要请他去。邓宁说："我约了人了，不方便，你去吧。"在邓宁的眼神中，大禹看到了无奈。于是他没有再劝说，而是悄悄地跟在了邓宁的后面。

邓宁一个人来到了食堂，要了两份最便宜的菜，买了一个小馒头，一个人躲在角落里吃了起来。很显然那点伙食他根本吃不饱。大禹见后，悄悄地买了两个大包子，来到了邓宁的身边，放到了他的碗里。邓宁见是大禹，显得非常不自在。

大禹："那么一点能吃饱吗？现在可是长身体的时候，再加上学习这么紧张。"

邓宁伤怀地说："你是城里人家的公子哥，我们穷人家的酸楚你是不会懂的。你知道吗，我妈妈患有残疾，家里只有爸爸一个劳动力，只有那几亩地微薄的收入。还有三个妹妹一个弟弟要上学。"

大禹问道："那家里一个月给你多少钱的伙食费啊？"

邓宁说："100元。"

大禹惊讶地说："什么，只有100元？那怎么够吃饭啊。"

邓宁说："没有办法，这已经是很大的一笔支出了。"

听了邓宁的话，大禹好几天心情都非常沉闷，想想自己，每个月1000元钱的零花钱都不够，而邓宁究竟是怎么熬过来的？他觉得他应该帮助邓宁。可是生性倔强的邓宁怎么可能要他的施舍呢？

从那之后，大禹再也不大手大脚地花钱了。而且每个周末都会和邓宁一起去做兼职赚钱。他觉得他真的长大了很多，明白了生活的艰辛。

故事中的大禹从小娇生惯养，生活在大都市，从来没有体会过穷人家的辛酸。在邓宁的身上，他看到了不一样的人生，也更加清晰地认识了生活的艰辛。每个人的人生轨迹都不一样，很多对于你来说轻而易举的东西，对于别人来说，或许比登天还难。因此，朋友是书，能带给你对生活的另外一番认识。那么，我们如何通过朋友去了解未知的人生呢？

1.多接触和你不同的人

俗话说："物以类聚，人以群分。"有相同生活经历的人往往更容易凑到一起，因为人都喜欢和自己相似的人接

触。这样一来，你看到的世界比较狭隘，你对生活的认识也往往只停留在你仅有的意识当中。因此，怀着感恩的心，多接触那些和你不同的人。就是因为和你不同，才能带给你全新的认识和感受，看到不一样的人生。

2.走进对方的内心去

我们很多人总觉得别人没有办法理解你。那么你是否想过，别人为什么要理解你？你是否又去理解过别人呢？当你怀着一颗感恩的心去想问题的时候，你就不会抱怨。而是坦诚地去和别人交流。当你真正地走进对方的内心时，你才会体会到他的情感，他的思想，才会真实地了解他的生活。事实上，也只有这样，你才能看到不一样的人生。

3.用心体会对方感受

生活对每个人的赏赐都是不同的。有的人可以醉生梦死，有的人却只能垂死挣扎。当你穿着名牌，牵着漂亮的女朋友出入高档消费店时，你不会明白吃不上饭，穿不上衣服的人的心情。不管你有什么样的人生，都不要抱怨，而要感恩生活。因此，要想真正地了解生活，就要用心去体会别人的情感、别人在生活的压力下的抗争，了解别人对生活不一样的认识。这样，你会看到不同的人生，体会到不相同的生活。

朋友是我们每一次行动的标尺

朋友是尺，说得很好很到位。朋友走过的路，对待问题的方法和态度，是我们衡量自己在生活中什么事情可以做、什么事情不可以做的尺度。当我们遇到困难或者不知所措的时候，怀抱一颗感恩的心，多想想身边的朋友，把他们放到自己的位置上，想想他们会怎么做，或许你的心会豁然开朗。所以说好朋友是尺，能帮助我们看清楚前面的道路怎样走才是最合适的。

王伦和赵青是大学同学，在三年的朝夕相处中，两人的感情非常好。而且在大学毕业后的第二年里，他们携手走进了婚姻的殿堂。按理说，他们的爱情和婚姻是幸福的。可是最近两个人却闹得水火不容。

原来，这天晚上，赵青一夜未归，手机也关机，仿佛一下子从人间消失了一样。这让王伦非常着急，又是从同事那里打听，又是问她的朋友。整整忙活了一晚上，还是没有找到赵青。

正当王伦急得像热锅上的蚂蚁团团转的时候，赵青神情疲惫地走进了家门。见了王伦，她什么话也没说，就进屋睡觉去了。王伦压抑住心中的怒火，等着赵青醒过来。赵青醒来后，她面无表情地对王伦说："我爸爸昨晚上去世了。"

这个消息对王伦来说，仿佛炸雷一般。他惊慌失措地

说：“什么时候的事情？”

赵青哭着说：“就是昨天晚上，爸爸走了，妈妈以后该怎么办啊？”

王伦愣住了，半天没有说话。他知道妻子这么说是什么意思。对于岳父岳母，他也算尽着一份姑爷应该尽的责任。可是要真正将岳母当作自己的亲生母亲一样养老送终，他还真没有想过。

看着妻子痛苦的表情，他有些不知所措了。

就在这时候，他突然想到了大学时的铁哥们赵海。据说前几年，赵海结婚后一直将岳父岳母当作自己亲生父母一样伺候和照顾。为什么他能做到，我就做不到呢？

想到这里，王伦紧紧地抱着妻子，没有说话。随后他们将岳母接到了家中。要是当初王伦没有想到赵海，他是绝对接受不了的。也正是赵海让他明白了一个男人身上的责任。

故事中的王伦在遇到家庭变故时，想到了朋友，从朋友曾经的故事中明白了自己的责任，看到了自己该走的路。由此可见，朋友是尺，能让我们在迷途当中更加清晰地认识自我，走属于自己的路。那么，我们如何用朋友这个尺子，来度量我们的路呢？

1.要从朋友的身上吸收“养分”

生活中，我们身边的朋友很多，有的朋友让我们打心眼里钦佩，而有的朋友则不过是为了应酬而不得不交往的人。

只有怀抱一颗感恩的心，你才能用朋友来作为为人处世的标尺。当然，世上没有完人，每个人都有缺点和毛病。朋友的缺点可以让自己得到警戒，朋友的优点可以让自己奋起学习。你要明白你最欣赏对方什么，如果可以，你是否愿意成为他那样的人？如果是，那么对方就是你的良师益友。

2.把朋友放到你的位置上

遇到茫然、不知所措的时候，不妨把你的朋友放到你的位置上。想一想，他遇到相同的问题时会怎么样？或许你说，对方不是你，不会有你的感受。那么，假设对方有你的感受呢？还会和你做出一样的决定吗？不要去抱怨你身边的人，也不要去抱怨生活。要是你觉得对方会和你做出相同的决定，那么不妨按着你的计划去做。如果不是，那么就要多加考虑了。

3.想明白朋友为何这么做

只晓得别人是你的话，会怎么样去做，而不去想为什么对方会这么做。那么，即使你想到了对方，也不会学着你的朋友，走你认为他会走的路。你会找很多种借口来说服自己。事实上，这样一来，对方也就做不了你的尺。所以，要感恩你的现在，感恩你的朋友，感恩你的得失，要仔细地去想，想明白对方为什么会那么做，而你为什么就做不到。当你想明白的时候，你的朋友也真正地起到尺子的作用了。

朋友让我们看到真实的自己

很多时候，我们没有办法看到自己的毛病，总觉得自己是最优秀的，做什么事情都是对的。事实上，我们却做错了很多事情。有些人在怨天尤人，有些人在埋怨自己，却很少有人去感恩，感谢现在并不是太坏，感谢自己有一个很好的朋友。

我们身边的朋友，他们是我们的镜子，能发现我们身上存在的问题。正是有了他们的帮助和矫正，我们才能在人生的道路上一步步地走下去。当你怀有一个感恩的心，你会发现，你因为有了这些真实的朋友，而变得成熟。

小文和小兵是同学，也是最好的朋友。他们来自同一个小山村，又在同一所学校的同一个班里上学，因此两人的感情非同一般。

可是到了高三的时候，小文悄悄地和一位女同学谈起了恋爱。小兵发现后，找到了小文，对他说："小文，现在是考大学的关键时期，你怎么反倒谈起恋爱来了呢？这样会影响你的学习的。"

小文一副无所谓的样子说："没关系，我不在乎。"

听到小文这么说，小兵急了，他说："你怎么能不在乎呢，要是考不上大学，就没有一个好的前途啊。难道你愿意回到那个小山村去吗？"

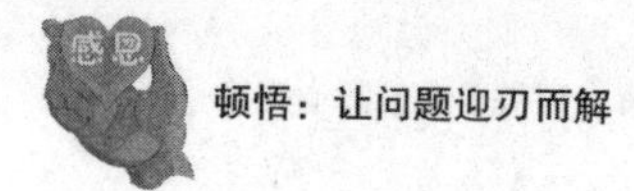

小文抬起头认真地看着小兵说："谁说考上大学就有好的前途了？大学毕业之后不是照样找不到工作吗。我有好几个朋友的哥哥姐姐大学毕业后，都在家里待业呢。他们当年都是尖子生，你说考大学究竟有什么用？"

听着小文的话，小兵陷入了沉默，他想了想对小文说："不可否认，你说的是事实，但是对于我们农村的孩子来说，上大学是跳出农村的唯一出路啊，你现在不好好学习，那不就等于把这唯一的出路给葬送了吗？"

小文不以为然地说："那么多的人不也没有上大学吗？不也一样活得好好的吗？"

小兵说："是的，但是人与人的活法不一样，难道你想面朝黄土背朝天地活一辈子吗？"

小文不以为然地笑着说："我不管那么多，我只想活着就行。"

小兵不想看着自己的好朋友这么下去，他接着说："再想想咱们的父母，花了多少心血让咱们上学，可你却拿着他们的血汗钱在这里挥霍青春，你对得起你爸爸妈妈吗？"

小文羞愧地低下了头。但是小兵知道，他只是理亏，并没有打算就此改正。于是他接着说："别的不说了，就说说你的那个女朋友，人家是大户人家的千金小姐，而你呢？难道你会认为她会嫁给一个农村的穷小子吗？别做梦了。"

小文抬起头，认真地看了看小兵。

从那以后，小文不谈恋爱了，而是把所有的精力都投入到学习当中。

故事中的小文在高考的紧要关头，却谈起了恋爱。小兵发现之后，对他苦口婆心地进行劝解。最终小文重新回到了认真学习的道路上。由此可见，朋友是人生的一面镜子，他们能让我们看到更加真实的自己，帮助我们去掉伪装起来的面具，让我们走该走的路，做该做的事情。我们要心怀感恩，感谢朋友为你所付出的一切。那么，作为朋友，如何发挥镜子作用，帮助对方矫正自己呢?

1.别怕得罪人，敢讲实话

俗话说当局者迷，旁观者清。对方犯了错误，或许自己并不知道，但是身边的人却能看得清清楚楚。作为朋友，要敢于讲实话，尽管实话讲出来可能会得罪朋友，但是如果你不讲，就会害了对方。得罪了对方，他迟早会明白你的一番良苦用心。而当对方受了伤害之后，明白了是你没有讲实话，那么别人会觉得你不够坦诚。不要去责难你的朋友说了真话，你应该感恩，庆幸自己有这样一个敢说真话的朋友。

2.朋友犯了错，要及时指出来

如果你发现了朋友的过失，一定要及时指出来，让朋友在最短的时间内回头，以免走得越远，对对方造成的伤害越大。不要觉得对方迟早会明白的，要记住你是他的朋友，你有这个责任帮助对方少走弯路，除非在你的心里并没有真正

地认可对方，否则一定要及时地站出来，指出对方的问题。这样，朋友会因此而感激你，而事实上，也只有这样才能让友谊长青。

3.在犯错的事上严格一些

既然是朋友就要真心相待。对方犯了错误，不妨严格一些，宽是害，严是爱，你对对方严格，对方会觉得你是真心待他。如果你觉得那是对方的事情，让他自己去决定。尽管你的想法没错，足够尊重了别人，但是却因此和对方疏远了关系。因为你在纵容别人犯错误，纵容别人在错误的路上越走越远。

逆境中朋友支持和帮助我们勇敢走过逆境

在我们学习和生活中，当我们遇到困难和不幸的时候，能够挺身而出，不离不弃，给予我们帮助和关心的朋友才是难得的朋友。因为朋友的帮助，让麻烦顺利解决；因为朋友的陪伴，在我们处于逆境的时候多了一份勇敢。在朋友的帮助和支持下，我们会更加勇敢地面对困境，解决困难，走出逆境。对于朋友的帮助，我们不能觉得理所当然，要感谢朋友的帮助，没有他们，你不可能靠一个人撑起一片天。

那年那月，对于郑卓来说，是她一生当中最黑暗的一段

日子。父亲因为癌症永远离开了她和妈妈。妈妈是个极其坚强的女人，她掩抑住内心的悲愤，还在不断地安慰郑卓，希望她能够坚强。

父亲的离开，对于郑卓来说仿佛天塌了一般。好几天了，郑卓都躲在自己的卧室里不肯出来，她不愿意接受这个现实，和父亲在一起的点点滴滴、一幕幕在她的面前浮现。好几次，她都哭着喊出“爸爸”。

得知郑卓的情况之后，她的好朋友鲁琪赶过来看望她。看着憔悴的郑卓，她什么话也没有说，只是将她紧紧地搂在了怀里，她感觉到郑卓在不停颤抖。她紧紧地抱着她，心疼得直流眼泪。

那段日子，她在单位请了假，专门来陪郑卓。每天陪她谈心，陪她散步，还给她讲很多很多开心的事情。渐渐地，郑卓的精神慢慢地得到了好转。在她讲笑话的时候，偶尔也会笑一笑。

整整三个月的时间，她和郑卓同吃同睡，让郑卓感受到属于友情的那份温暖。她从来没有让郑卓离开过她半步，她为她洗衣服，为她做饭，还帮助她温习功课。

正是鲁琪的精心照顾，郑卓逐渐地从黑暗的日子里走了出来。当她看着郑卓回到了正常的生活状态，脸上露出了欣慰的笑容。

故事中的鲁琪，在她的好朋友郑卓遭遇了人生的灾难之后，给予了她无微不至的关怀和照顾，最终帮助她走出了黑暗，走过了逆境。这就是朋友，在我们孤立无援的时候及时出现，在我们感到恐惧害怕的时候及时出现。也正是有了朋友那双温暖的手，我们不再彷徨，不再恐惧。那么，在朋友遇到伤害和困难的时候，如何送出我们的关心和支持呢？

1.一定要及时出现

当我们的朋友遭遇了人生的打击和灾难的时候，一定要及时出现在他们的面前，给予他们关怀和温暖。或许，作为朋友，并不需要每天在一起玩，也不需要把你的快乐跟他们分享，但是一定要记得，要和他们一起分担人生的痛苦。这样的朋友，才是我们这辈子最值得珍惜的人，也是最值得你用真心去感谢的人，因为他们是你的朋友。

2.要多给予安慰

生活中的变故突如其来，所以对人的打击总是非常严重。很多时候，人们在灾难面前，会支撑不住，会倒下去。作为朋友，我们要和他一起面对，多一个人，就会多一份力量，多一份温暖。当我们感觉到自己并不孤单的时候，事实上，也就是我们走出绝境的时候。对于朋友的安慰和帮助，要从心眼里去感谢他们。

3.和他们的心在一起

生活中，当我们受了伤害的时候，总是希望能找个人来倾诉。即使不说话，也希望有个人能够陪着自己。同样，当

朋友遭遇了人生的逆境的时候，最渴望的也是能够有人能和他一起面对。因此，当我们身边的朋友遭受了突如其来的灾难时，我们要跟他们的心在一起，让对方明白，他并不孤单。

朋友给了我们勇气，让我们战胜怯懦和自卑

在我们遇到困难和麻烦时，难免会有懦弱和自卑的情绪产生。在这个时候，朋友的信任和鼓励会使我们更加拥有力量，帮助我们走出阴影。没有他们，我们在黑暗里摸索、挣扎。事实上，正是因为有了他们的鼓励和信任，我们才能战胜自我，走向人生的一个目标。因此，要感谢他们，感谢他们的真心和鼓励。

段好在公司一直是默默无闻的人。也正是因为从来没有引起过别人的重视，所以她非常自卑，总觉得自己的能力是最差的，同事们、领导们会看不起她。这次，单位为了加强同事之间的沟通和协调，特意举办了一场晚会。

在所有的部门中，唯独段好所在的行政部只有她一个小姑娘，很显然遇到这样的文艺演出，她是无论如何也逃不掉的。好在段好的舞蹈功底不错。按理说，完全可以借助这样的机会大展身手。

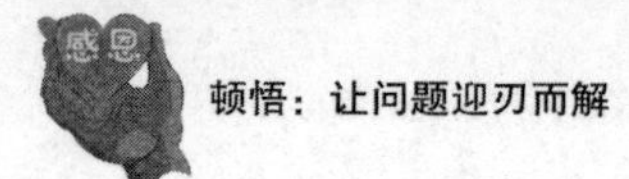

可是，当领导把这个想法告诉段好的时候，却遭到了她的拒绝。她说自己根本跳不好。不论谁说，段好就是不答应为部门表演节目。最后，行政部的主管雯姐找到了她。她说："段好，你要相信自己，你能行。我们大伙儿都非常看好你。你平日里工作表现那么优秀，一定也能把舞蹈跳得很优秀的。"

段好睁大了眼睛，望着雯姐说："真的吗？我平日里真的表现很优秀吗？"

雯姐点点头微笑说："是啊，难道你不觉得吗？如果你表现不好，我肯定会找你的，但是我从来没有因为工作上的事情而找过你啊，你说是吗？这就说明，你的工作做得很出色。"

听了领导的话，段好开心地笑了，并且答应表演节目。

可是毕竟她从来没有在这么多人面前表演过节目。尽管准备很充分，但是在上台的时候还是显得非常紧张，甚至向领导提出取消节目的要求。在这个关键时刻，雯姐走过去抱了抱她。

段好走上了舞台。

同事们在下边一个劲地为她欢呼鼓掌。看到这些，段好再也不紧张了，而是从容地表演。尽管最后她没有拿到奖，但是从那以后，她在公司里越来越活跃了，再也不是那个默默无闻的小角色了。

故事中的段好因为从来没有得到过领导和同事们的肯定和认可，因此变得非常自卑。通过领导、同事们的信任和鼓励，她最终战胜了自己，走出了自卑的情节。由此可见，朋友的信任和鼓励往往是一个人成长必不可少的养分。那么，你又该如何信任和鼓励你的朋友，让他们走出自卑的情绪呢?

1.给予适当表扬

每个人都渴望得到别人的表扬，因为这是对自己的认可。因此，在我们和朋友的接触、交往的过程中，要及时给予他们表扬，让他们在你的赞美下，自己认可和肯定自己。事实上，人只有被自己认可和肯定了，才会有勇气面对自己，才会勇敢地站出来战胜自己的懦弱和自卑。当然，当别人表扬了你之后，要把你的感激之情表达出来。

2.要懂得理解万岁

当一个人在自卑的时候，最害怕的就是别人的指责和嘲笑，因为那会让他更加不敢站出来“丢人现眼”。所以，当我们的朋友失败的时候，千万不要去嘲笑他们，也不要指责他们。这时候他们更需要你的理解，更需要你的帮助。尽管你也很为对方着急，但是一个真诚的问候，一句安慰的话，远比你的指责有用得多。也更能让对方找到自信，从而勇敢地站起来。

3.忠言逆耳利于行

有句古话说“良药苦口利于病，忠言逆耳利于行”，告诉我们的也是这个道理，朋友对我们的劝告和帮助往往是直接面对我们的缺点，不那么好听，却是真诚的。因为他们是真正站在我们的立场上想问题，是真心想要帮助我们，否则，别人为什么拿你的事情来影响自己的情绪呢？所以，要感谢他们，为你所付出的一切。

珍惜友情，用心浇灌友谊之树

印度有句谚语说“朋友是抵抗忧愁与恐惧的卫士”，的确，人们生活在这个世界上，都会交到朋友或者成为别人的朋友，任何一个人都不能够没有朋友，更不能缺少朋友的帮助。很多歌星都演唱过歌名叫作《朋友》的歌曲，无论歌词如何改变，无论曲调如何不同，它们所表达的感情却是一致的，那就是珍惜友情，感恩朋友。

当我们遭遇痛苦的时候，朋友会站在我们的身边帮助我们分担；当我们感到孤独无助的时候，朋友会陪伴着我们；当我们苦苦打拼，为梦想而努力的时候，朋友也会搭上一把手，让我们不用那么辛苦和劳累。朋友，总是在我们最需要的时候，给予我们关怀和问候。对于朋友，我们永远应该充

满感激，用感恩之心去对待与朋友的每一次交往和接触。

有一个女孩，在25岁时一种罕见的疾病顷刻间让她变成了一个偏瘫患者，生活顿时陷入了黑暗之中。

在生病后的第四年，与她相依为命的父亲又不幸去世了，男友成了她唯一的亲人。她哭倒在男友的怀里，说："我唯一的亲人也离开我了！"男友轻轻拍拍她的背说："不要紧，你还有我。"

男友成了她生命的全部，爱情充塞了她整个心。

然而，就在她用不灵便的手写着爱情的真意时，男友的身边开始有了莺莺燕燕，并提出要与她分手。现在她还有什么？她觉得自己的生命已经再也无法撑下去了。

就在这时，邻居叩响了她的房门。面对他们的安慰，她激动得像个孩子。邻居一个劲地说："你一个人生活也不怕，你还有我们，你可以拿我们当家人啊！"

夜里，远方的一位朋友打来电话，谈了三个小时。他反复告诉她："谁说你一无所有？你还有我这个朋友。"

就这样，在生命中最无助的时刻，她听到了无数声"你还有我"，是朋友温暖了她生命中这个最艰难的寒冬。

友情是如此可贵，它不仅是平日的问候和关怀，更是寒冷中的阳光，雪中送来的热炭，朋友是我们的拐杖，它能够支撑我们走过泥泞。无论生命怎样坎坷，无论生活多么艰辛，只要有朋友，我们就可以勇敢地向前走，我们就能够重新站起来，继续寻找生活中的幸福和快乐。

朋友是我们最值得珍惜的人，友情是我们最应该珍惜的情感，让我们时刻不忘感恩朋友，感恩友谊。学会怀着一颗感恩的心生活吧，感谢朋友，善待朋友，同时为我们自己架设起一座通往未来的桥梁，为自己建造一个幸福的花园！

第8章

善待家人，珍惜和家人相处的每一分钟

我们身边有一种人，当我们失意时、痛苦时、无助时，他们总是义无反顾地站在我们的身后，支持我们，鼓励我们，即便自己穷困潦倒，依然会给予我们安慰和关怀，他们就是我们的家人。亲情的可贵之处，就在于它不是锦上添花，而是雪中送炭，所以我们要怀着一颗感恩的心对待亲人，感谢亲人让我们的生活充满关心、温暖和阳光。

可怜天下父母心，要明白亲情的伟大

因为有爱，所以人们感到幸福；因为有情，所以人们感到快乐；因为有亲人的陪伴，所以人们不会感到孤独；因为有周围人的支持，所以你可以义无反顾、勇往直前地追逐梦想。然而，当你和朋友唱歌喝酒的时候，你可看到父母静静地坐在家里，翻看着你小时候的照片？

人们把大树栽入地下，大树为了感恩，还给人们一片阴凉；人们把小麦种到地里，小麦为了感恩，结出饱满的麦穗让人们不会挨饿；父母辛苦地把你养大，你是否心怀感恩，又该怎样报答他们呢？

乡下小村庄的偏僻小屋里住着一对母女，母亲深怕遭窃总是一到晚上便在门把上连锁三道锁；女儿则厌恶了像风景画般枯燥而一成不变的乡村生活，她向往都市，想去看看自己透过收音机所想象的那个华丽世界。某天清晨，女儿为了追求那虚幻的梦离开了母亲身边。她趁母亲睡觉时偷偷离家出走了。

“妈，你就当作没我这个女儿吧。”可惜这世界不如她想象的美丽动人，她在不知不觉中，她走向堕落之途，深陷无法自拔的泥泞中，这时她才领悟到自己的过错。

十年后，已经长大成人的女儿拖着受伤的心与狼狈的身躯，回到了故乡。

她回到家时已是深夜，微弱的灯光透过门缝渗透出来。她轻轻敲了敲门，却突然有种不祥的预感。“好奇怪，母亲之前从来不曾忘记把门锁上的。”扭开门时她吓了一跳。母亲瘦弱的身躯蜷曲在冰冷的地板上，以令人心疼的模样睡着了。

“妈……妈……”听到女儿的哭泣声，母亲睁开了眼睛，一语不发地搂住女儿的肩膀。在母亲怀里哭了很久之后，女儿突然好奇地问道：“妈，今天你怎么没有锁门，有人闯进来怎么办？”

母亲回答说：“不只是今天而已，我怕你晚上突然回来进不了家门，所以十年来门从没锁过。”

母亲十年如一日，等待着女儿回来，女儿房间里的摆设一如当年。这天晚上，母女恢复到十年前的样子，紧紧地锁上房门睡着了。

感恩之心是人生最珍贵的所有。一个懂得感恩的人，一定是具有良好修养的人，一个真诚待人的人，一个洒脱的人、幽默的人。其实，拥有一颗感恩的心是人们通向快乐之门的钥匙。感恩，你可以倾己所有，可以以性命相报，但有时也许不需要你多少物质的回报，只需要你一个真诚的微笑，一句暖心的话语。然而，感恩却可以让世界充满温馨的气息，让生活充满明媚的阳光。

感恩是一种发自内心的生活态度。对生活感恩，就是善待自我，学会生活。每个人都应该学会感恩，珍惜现在的生活。当你在抱怨工资太少、物价太高的时候；当你在羡慕别人生活悠闲，你却要不停加班的时候；当你看着别人每天轻松自在就大把钞票入手，而自己却是累死累活刚够维持生计的时候，你的内心是否充满了抱怨和无助？我们似乎已经忘记，当我们刚走入社会的时候，只求能够得到一份工作，哪怕薪水微薄，我们的心中也充满了感恩；当我们没有生活来源时，我们不怕苦不怕累，只要有一份比较稳定的工作；当我们生活中遇到困难和挫折的时候，我们盼望的只是一句鼓励的话语；然而当我们真正处于幸福之中的时候，却往往忘记了感恩，只是眼盯着别人的幸福，对自己悲悯。

其实，感恩很简单，感恩就是不要忘记曾经的困难，要时时记得别人的帮助，时时对生活的改变给予感激。感恩是一种态度，更是一种品质。我们在为父母长辈的养育、为一个陌路人的点滴帮助而感激不尽的同时，应该牢牢将社会给予的就业机会、工作给予的空间与平台、领导给予的关怀与

培养、同事给予的关心与帮助铭记心中，并为之而感恩。知恩才会图报，总是怀有感恩之心的你，将会变得更加可敬、高尚，更加进步、完美。如果我们每个人都怀有一颗感恩的心，人人都怀着感念之情，那么整个社会将会更加和谐，人们的生活将更加幸福美满，人们的工作也将会更有激情与创造力，我们的事业必将会更好更快地发展。

让我们每个人都懂得感恩。感谢父母、感谢妻儿、感谢朋友，也感谢组织、感谢同事，以及感谢每一个曾经帮助了我们的人。当你始终怀着一种感恩之心，怀着一份感激之情，面对社会，面对亲人，也面对自己的时候，你的身体就会洋溢着一种从未有过的温暖、满足；你的内心一定会获得一份充满坚韧和幸福的宁静。

读懂母爱，读懂母亲无私的自我牺牲

妈妈，是世界上最亲切的词语；娘，是世界上最可爱的人；母爱，是世界上最伟大的爱。不同的词语，形容的却是相同的人，那就是生养我们的母亲。

小时候，男孩的家里很穷，经常吃不饱，于是母亲就将自己碗里的饭分给孩子吃。母亲说：“孩子，快吃吧，我不饿！”

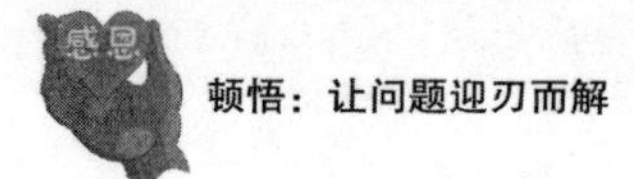

男孩长身体的时候，勤劳的母亲经常用周日休息的时间去县郊农村河沟里捞些鱼给孩子吃。鱼很好吃，鱼汤也很鲜。孩子津津有味地吃鱼的时候，母亲就在一旁啃鱼骨头，用舌头舔舔骨头上的肉渍。孩子心疼，就把自己碗中的鱼肉夹给母亲吃。母亲不吃，又将鱼肉夹回孩子的碗里。母亲说："孩子，快吃吧，我不爱吃鱼！"

上初中了，为了缴纳孩子的学费，当缝纫工的母亲就去居委会领些火柴盒半成品回家，晚上糊好，挣点钱给孩子交学费。一天，男孩半夜醒来，看到母亲还躬着身子在油灯下糊火柴盒，就对母亲说："睡吧，明早您还要上班呢。"母亲笑笑说："孩子，快睡吧，我不困！"

高考那年，母亲请了假天天站在考场门口为参加高考的孩子助阵。时逢盛夏，烈日当头，母亲固执地在烈日下站着。考试终于结束了，母亲迎上去，递给男孩一杯用罐头瓶沏好的浓茶，叮嘱男孩喝了。茶浓，爱更浓。望着母亲干裂的嘴唇和满头的汗珠，男孩将手里的茶递了过去，让母亲喝。母亲说："孩子，你喝吧，我不渴！"

男孩大学毕业后参加了工作，下了岗的母亲就在附近的农贸市场摆个小摊维持生活。身在外地的孩子知道后，就常常寄钱回来补贴母亲。母亲坚决不要，并将钱退回来。母亲说："孩子，你用吧，我不缺钱！"

男孩留校任教两年，后来又考取了美国一所知名大学的

博士生，毕业后留在了美国的一家科研机构工作，待遇相当丰厚。男孩想将母亲也接到国外享享福，却被母亲拒绝了。母亲说：“孩子，我不习惯！”

晚年，母亲患了重病，住进了医院，远在大洋彼岸的男孩乘飞机赶回来时，术后的母亲已是奄奄一息。望着被病魔折磨得死去活来的母亲，男孩悲痛欲绝，潸然泪下。母亲却说：“孩子，别哭，我不疼。”

母爱的伟大相信每个人都有自己的体会，几乎每个人心中都希望能有机会报答母亲的恩情，然而这个机会，却并非人人能够把握。

俗话说“树欲静而风不止，子欲养而亲不待”，很多人了解这句话的道理，却没有把它放到心里。就像故事中的男孩，从小就看着母亲吃尽苦头只为自己的成长、发展能够顺利顺心，如果说小时候的男孩没有能力为母亲做一些事，那么只要记在心里，也算是一种感恩了。然而在他长大成人之后，在有能力为母亲做一些事情的时候，却没有尽到自己做子女的责任。可能他会说，他做了，但是母亲不需要，事实上，母亲真的不需要吗？母亲只是希望他过得更好，无后顾之忧。其实，钱财和富贵并不是母亲最需要的，她最需要的不过是孩子的一声问候，能够经常看到孩子的笑脸。古人常说：“父母在，不远游。”就是这个道理，母亲为了孩子可以忍受孩子的远行，而又有几个孩子能够为了父母放弃外面

的广阔世界而专心照顾父母呢？这便是母爱的伟大之处。

所以，即便你在外面的世界闯荡得多么成功，也要时刻记住母亲的恩情，经常抽时间回家看看，哪怕只是一天。时常买些小礼物送给母亲，母亲也是平凡的女人，也喜欢惊喜，你的一点点心意，对她而言可能是一年的快乐源泉。每一天，让我们心怀对母亲的感恩之情，为她们祈福，祝福每个母亲都能够健康平安！

知心爱人，感谢爱人的风雨相伴

有人说："前世的五百次回眸，才能换来今生的一次擦肩而过。"那么与我们心手相牵，结伴过一生的那个人，需要怎样的缘分才能与我们聚首呢？佛家说："百年修得同船渡，千年修得共枕眠。"在芸芸众生之中，没有多一秒，也没有少一秒，恰恰就在这一秒，我们找到了那个枕边人。这种缘分若不珍惜，便是浪费了前世的种种努力。

两个人相遇不容易，相处更难。所以我们要为在一起的每一天而感恩，感谢爱人把爱给了我们，感谢爱人与我们相知相伴：不离不弃，感谢爱人在每个平凡的日子里带给我们安心和快乐。

经过很长一段时间的思考，约翰终于决定在星期五那天

向老板提出加薪的要求。在离家去上班前，他把这个想法告诉了妻子。他说，他认为公司应该给他加薪，因为他所付出的努力要比现在所得到的回报多得多。

在公司的一整天，他都为加薪的事忧虑，甚至一直处于高度紧张之中。快下班时，他终于鼓起勇气，推开了老板办公室的门，向老板提出了加薪的要求。让他惊喜的是，老板答应得非常爽快，并很歉意地说这是公司应该早就考虑的事，可是一直没有落实，希望他能原谅，最后还亲自将他送出了办公室。

这个结果让他非常高兴，他迫不及待地往家赶。当他兴高采烈地推开门时，却没有看到妻子，只看到了餐桌上摆放整齐的妻子一直都舍不得用的那套精美瓷餐具，还点上了红色的蜡烛。这让屋子里更加温馨浪漫，像新婚的晚上。厨房里，只有节日时的欢宴才有的香味也不断地飘出来。他心想，这消息可真快，一定是公司里的哪位好事的同事给妻子打电话告了密。

他走进厨房，妻子正在忙着准备饭菜，他高兴地对妻子说：“亲爱的，老板给我加薪了！”他热烈地拥抱着妻子，幸福地与妻子一起分享这莫大的欢乐。妻子听后，也非常高兴。饭菜都做好了，他在餐桌边坐了下来，开始享用妻子为他精心准备的美味佳肴。

就在妻子为他夹菜的偶然间，他发现盘子旁边放着一张充满柔情的便笺，上面认真地写道："祝贺你，亲爱的！我知道你一定会得到加薪的。这顿晚餐向你表达我对你深深的爱意！"看着妻子秀美的字体，他的心里顿时涌起一股暖流。

快乐始终包围着他们，吃完饭，妻子很勤快地去厨房收拾餐具了。他今天心情很好，很有兴致地坐在沙发上翻一本杂志，他突然发现里面夹着一张与餐桌上一模一样的卡片。于是，很好奇地拿了出来，只见上面写着："亲爱的，千万不要为没有加薪而感到烦恼！不管怎样，我都认为你应该得到加薪！就让这顿晚餐向你表达我对你那深深的爱意吧！"

他的眼睛渐渐湿润了……

不得不说约翰拥有一位好妻子，她对约翰的爱，不带任何附加条件，只是因为她爱他，所以无论事情的结果是好是坏，无论是贫穷还是富有，她都愿意陪在约翰的身边。相信约翰的妻子始终怀揣着对上天的感恩，感谢上天让约翰来到她的身边，感谢约翰能够有一份足以养家糊口的工作，让他们不至于忍饥挨饿。因为有爱，所以没有值不值得，只有愿意不愿意。

看到妻子对自己的爱意，相信约翰也会心怀感激，感激妻子的无怨无悔，感谢妻子的细致周到，感恩缘分让自己与妻子结识。在生命的旅途中，无论前方是泥泞或是坎坷，只要有爱人相伴，只要有爱相随，我们就有勇气跨过一个个难

关，并且携手到达梦想的彼岸。让我们怀着感恩的心，为了与我们相濡以沫、互相扶持的爱人好好生活，努力拼搏吧！

请呵护好你生命的延续——孩子

在生活中，我们常常会感谢父母、感谢爱人、感谢朋友，或许，还有许多我们需要感谢的人，但是，我们往往忽视了一个重要的感谢对象，那就是我们身边的孩子。孩子是父母生命的延续，虽然孩子的生命是父母赋予的，但是随着孩子的到来，作为父母也从中感受到了诸多的快乐与幸福。“感谢你们，可爱的孩子们”，这应该是每一位父母对孩子说的一句话，虽然我们不能具体地表达所要感谢的是什么，但是对每一位父母来说，有太多的事情需要感谢自己的孩子，孩子带给自己太多的感动和欢乐，与孩子一起成长是每一位父母感到幸福的事情。所以作为父母，应该感谢孩子，感谢孩子对自己生命的延续，感谢孩子给生活带来了快乐和感动。

每一个孕育孩子的过程中，都充满了爱与感动，从怀孕开始到孩子出生，然后孩子会哭、会笑、会翻身、会坐、会站、会走、会说话，孩子第一次用稚嫩的声音喊着：“爸爸、妈妈。”或许在那一刻，你的心里凝结了所有的爱和感动。在我们的生命中，有许多人出现，也有许多人会离开，可是孩子却是陪伴我们走到生命尽头的人。从孩子的出生到成长，我们会不由感叹生命的神奇和伟大，同时孩子的出现也唤醒了我们潜藏在内心的爱与感动。对父母来说，没有孩子就没有春天，可能在尚未做父母之前，我们不懂关爱，没有耐心，脾气火暴，可是做了父母之后，孩子让我们把一切不好的习性都化作了爱。所以要感谢孩子，感谢他们明亮的眼睛，感谢他们清澈的心灵，感谢他们促使我们对生命的思考。

一位母亲写了这样一篇文章《感谢孩子》：

我在报纸上常看到这样的话：“对孩子的爱是最不对等的，因为得不到回报。”可是，我想说，感谢孩子，因为有了孩子，我才能成为一个母亲；因为有了孩子，我才知道怎样做母亲，我的人生因为孩子而变得更加完满。

我要感谢孩子，我可爱的孩子，我要告诉你，从你出生的那天起，我的生命就揭开了崭新的一页，责任感更强了，行动也不再那么随意了。每天，我都感受到一种新的信念和爱，这样的爱会慢慢上升为对他人的爱，对这个社会的爱。在那段日子里，以前冷漠的我变得热心起来，身边的人都发现了我的变化，我自己很清楚，这一切都是源于你——孩子，所以我要感谢你，我的孩子！

你刚出生的几个月，我很忙碌，或许我刚洗好你的衣

服，你又把排泄物弄了一身，被子、衣服又脏了，我脾气很坏，向你吼道："打你这个坏孩子。"没想到，你不仅没有哭泣，反而咧开嘴笑了起来，望着你灿烂的笑容，我有点不好意思。是的，孩子并没有错，以后你还会摔跤、打破东西，还会搞这样或那样的破坏，这是每一个孩子成长的必然过程。从这时开始，我明白了，要想你成为一个健康、活泼的好孩子，我首先应该学会做一个好母亲。感谢你，因为你，我体会到了做母亲的辛苦；因为你，我更体会到了做母亲的幸福与快乐。

作为母亲，我见证了你的无数个第一次：第一次笑、第一次哭、第一次走路、第一次说话，当你用模糊不清的声音喊道："妈妈，妈妈！"那一瞬间，我的心快融化了，所有的辛苦和劳累都已经抛到了脑后，只要有你在身边，我就感觉到幸福。所以感谢你，让妈妈感受到了久违的幸福与快乐。

在生活中，许多父母习惯于要求孩子感谢父母，当然父母的爱是无以回报的，孩子应该怀有一颗感恩的心。但是，父母教给孩子人生最生动的一堂课是：感谢孩子。因为孩子让他们意识到自己应该做一个感恩的人，身教重于言教，当你向孩子表达了自己的感激之情的，你也在孩子心中种下了一颗感恩的种子，随着时间的流逝，它们会开花，慢慢结出丰硕的果实。感谢孩子，不仅仅是心中的那份感动与爱，

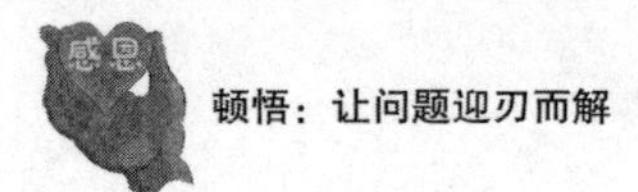

还有那份孩子的无忌、坦率和豁然，因为对于我们成年人来说，在经过了无数次历练后，我们已经失去了久违的天真与童真，而通过孩子，那份赤子之情又重新被唤醒。那么，就让我们把所有的感谢汇成一句话：感谢你！孩子！

回馈父母，从现在开始

你是否因为工作繁忙而数月未给家里打一通电话，你是否因为劳累而忘记给爱人一个拥抱，你是否因为目前经济拮据而把与朋友的聚会一再推迟……生活中我们总是因为这样那样的理由，把一些事情往后拖，或者假以他人去做，殊不知，物品别人可以代为转交，而亲情，除了自己，谁也无法表达出来。

有位绅士在花店门口停了车，他打算向花店订一束花，请他们送去给远在故乡的母亲。

绅士正要走进店门时，发现有个小女孩正在路边哭泣，绅士走到小女孩面前问她说：

“孩子，为什么坐在这里哭？”

“我想买一朵玫瑰花送给妈妈，可是我的钱不够。”孩子说，绅士听了感到心疼。

“这样啊……”于是绅士牵着小女孩的手走进花店，先

订了要送给母亲的花束，然后给小女孩买了一朵玫瑰花。走出花店时绅士向小女孩提议，要开车送她回家。

“真的要送我回家吗？”

“当然啊！”

“那你送我去妈妈那里好了。可是叔叔，我妈妈住的地方，离这里很远。”

“早知道就不载你了。”绅士开玩笑地说。

绅士照小女孩说的一直开了过去，没想到走出市区大马路之后，随着蜿蜒山路前行，竟然来到了墓园。小女孩把花放在一座新坟旁边，她为了给一个月前刚过世的母亲献上一朵玫瑰花，而走了一大段远路。绅士将小女孩送回家中，然后再度折返花店。他取消了要寄给母亲的花束，而买了一大束鲜花，直奔离这里有五个小时车程的母亲家中，他要亲手将花献给妈妈。

每个人都知道母亲的辛苦和伟大，每个人都明白应该孝顺父母、常回家看看，然而现实生活中，很多人却因为路程远、工作忙、应酬多等等原因而忽视把感恩的心落实到行动上。案例中的绅士，很有爱心地帮助小女孩，想必日常生活中他也是个时常感恩的人。当他看到小女孩大哭不止，只是为了给已逝的母亲送上一朵花时，他真切地明白了行动的重要性。感恩，不只是想想、说说而已，对于父母、亲人来说，任何花朵和礼物都比不上看到孩子、爱人的笑脸。

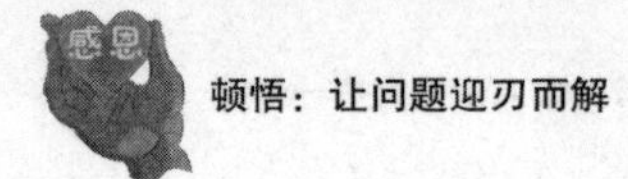

中国有句古话说：树欲静而风不止，子欲养而亲不待。这是怎样的一种悲伤啊？难道真要等到这个时候，你才会明白感恩的重要性吗？当然不止是对父母、亲人，对于周围的朋友，即便是路人也应如此。

感恩，并不像我们想象的那么遥不可及，它存在于一点一滴的小事中，很简单便可以做到。比如，对他人表示感谢时辅以一个感激的目光；得到他人支持时投以一个灿烂的微笑。只要你发出善意的、感恩的气场，无论是多么细微的动作别人都可以感觉到。

感恩从现在开始，从一个细小的动作开始，让感恩充实我们的生活，塑造我们的心灵，让我们感恩的行动使世界变得更美丽，生活变得更美好吧！

第9章

尽职尽责，让你成为公司最受欢迎的人

简单点说，工作是一个人生存的保障；长远一点说，工作是一个人实现抱负的载体。由此可见，对于为自己提供工作机会的公司要心存感恩。因为有了公司你才会生存下去，才会发展起来。正因如此，当你心怀感恩的时候，工作起来便会更加努力，才会更融洽地与同事和老板相处，才会不去抱怨，成为公司最受欢迎的人。

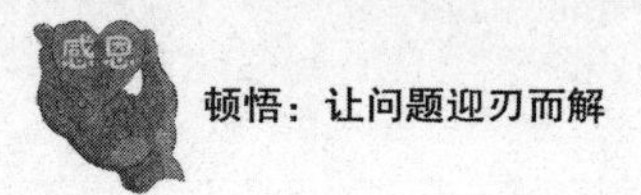

珍惜工作，劳动的喜悦是世界上最大的喜悦

人生在世，需要我们常怀有一颗感恩的心，因为任何事物都是上天赐予我们的礼物，有了这些礼物，我们才会由衷地感觉到，活着是一种愉悦的生命体验。在我们的生命里，还有着更美好、更宝贵的馈赠，那就是工作。

所以，我们要明白工作是上天对自己的一种眷顾。工作为我们提供了稳定的薪水，解决了衣、食、住、行等生存所需，它使我们实现了经济上的安全。有了稳定的工作，让我们的心安定下来，驱除了我们在社会上的漂泊感。

小馨在一家超市打工，每天下班的时候，其他人都早早下班了，而小馨总是坚持到下班的最后一分钟，一年四季，风雨无阻。其他员工都笑小馨傻，认为她认死理。其实这其中的缘由只有小馨一人知道。小馨高中毕业以后，四处找工作，却总是四处碰壁，而且常常受人欺负。后来，无意之中碰到了现在的超市老板，老板对自己很好，总是拿小馨当自己的亲妹妹，所以为感谢老板对自己的照顾，小馨

更是卖力工作。

一天，快下班的时候，老板无意之中看到小馨还在工作，于是劝小馨赶紧下班，而小馨告诉老板，下班时间还有五分钟。

年底的时候，小馨被升任为领班，许多人不服气。老板在任命大会上说道：“你们当中的很多人，还没干活就先和老板谈条件，或者在新岗位上刚取得一点小成绩，就和部门主管讨价还价，从来不愿意为超市多工作一分钟。而小馨一年多来始终坚持按时上下班，不迟到早退一分钟，十分难能可贵。就凭这一点，小馨理所当然是你们的榜样。”

案例中的小馨懂得工作的来之不易，再加上“受人滴水之恩，当以涌泉相报”的观念，使得小馨在工作当中取得了更大的收获。

在企业中，知道感恩的人会更受大家欢迎。人力资源专家表示，许多知名企业在招聘员工时，看重的不仅仅是他们的专业知识，更是他们处理问题的方式和融入企业的速度，换句话说，就是能否怀着一颗感恩之心去踏实做人、做事。或许每一份工作都无法尽善尽美，但还是要感谢工作环境，感谢老板，感谢每一次的工作机会。满怀感恩之心去工作，你就已经开启了一扇通往成功的机会之门。

那么，在现实生活中，我们应该怎样做才能怀着一颗感恩的心去工作呢？

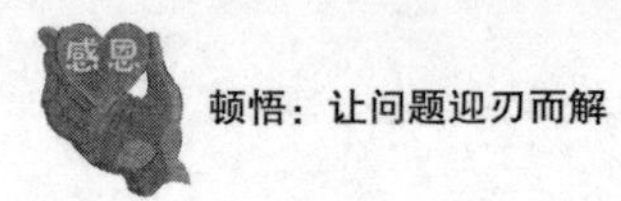

1.心怀感恩才能快乐工作

对人要学会感恩，对物要学会珍惜，对事要学会尽心，对己要学会克制，变“独善其身”为“团结合作”，这是一个成熟的企业员工的必备素质。一个快乐的工作者通常创造力很强，有影响力，容易相处，是很好的合作伙伴。常怀一颗感恩的心，就会更忠诚敬业。勤奋快乐地工作是员工职业忠诚的重要表现，在工作中尽心尽力、积极进取，始终不放弃努力，始终保持一种尽善尽美的工作态度。满怀希望和热情地朝着自己的目标而努力，就能够获得丰富的经验，同时也提升了个人的能力，离成功就更近了一步。

2.不要把工作当作是自己的一种负担

不要单纯地认为工作是为老板挣钱而把它视为一种负担。满怀感恩地去工作，并不仅仅有利于公司和老板，你也很容易成为一个品德高尚的人，一个更有亲和力和影响力的人，一个有着独特的个人魅力的人。你要相信，感恩将为你开启一扇神奇的力量之门，发掘出你无穷的潜力，迎接你的也将是更多、更好的工作机会和成功机会。

3.懂得感恩，才能更加珍惜工作

人从出生那天起，便沉浸在恩惠的海洋里。大自然赐给世界万物生灵，赐予我们良辰美景；父母赐予我们生命，养育我们成才；师长传授我们知识和道理；上司和同事给了我们或多或少的帮助；还有许多人给了我们许多的机会。但

是，我们是否有过感恩之心？懂得感恩的人，也是善于宽容的人。一个不知感恩的人，不懂得珍惜现在所拥有的一切。怨天尤人是他们的习惯，嫉妒是他们内心的火焰，在这样的人心中，别人的成果与成功都是靠运气得来的。

谦和待人，赢得尊敬

感恩的心态可以改变一个人的一生。如果你有一颗感恩的心，就不会抱怨生活，抱怨工作，而是感谢你所要承担的责任，因为它让你明白了自己的价值和意义。因为要竭力回报这个美好的世界，我们会竭力做好手中的工作，努力与周围的人快乐相处，这就会使得我们更加谦和，在工作中也会更加受人尊敬。结果，我们不仅心情会更加愉快，所获帮助也会更多，工作会更出色。

所以，一个在工作中心怀感恩之情的人，也懂得待人接物更加谦和，因为谦和也是一种力量。在工作中，我们要心怀感恩。我们不仅要对亲人、师长心怀感恩，更应该对同事、对培养我们的公司感恩，这样才能成为一个更加受人尊敬和让领导喜欢的人。

有个博士生受聘到一家大公司工作，他的学历和才华是十分突出的，但他人地生疏、势单力薄，同事们头上虽然没有博士的光环，但大多数人都有多年的工作经历，人际关系深厚。所以，一直以来他都是孤军奋战。

更让他受不了的是，他在公司并不受重用，而是做一些鸡毛蒜皮的小事，这让他的信心大受挫折。但是他对同事们说："感谢大家给我的帮助，我刚来公司，什么也不懂，领导也很照顾我，给我一些简单的工作，这样我才不会有太大的压力，你们都不厌其烦地帮助我，让我能迅速地成长，尽快掌握公司的业务，为此，我深深地感激大家。"

他的这种感恩的态度使得大家很快接受了这个新成员，博士生顺利地融入新的人际关系里，并且赢得了大家对他的尊重，在以后的工作当中，这位博士生的工作也开展得更加顺利了。

为了感谢老板对自己的知遇之恩，这位博士生很聪明地怀着一颗对企业感恩的心，对同事给予的帮助感恩，避免了"鹤立鸡群"的尴尬与被孤立，使自己很快融入集体，抓住了生存和发展的时机。

所以，要想在职场中立于不败之地，要想让自己开拓出一片天地，就要学会对自己的工作怀有一颗感恩的心。那么在工作中，该如何心怀一颗感恩的心让自己受人尊敬呢?

1.换位思考，学会感恩

同样一件事情，思考的角度不同，则会有不同的认识。比如不受公司重用，如果你认为公司在轻视你，那么你产生

的是怨气。如果你换位思考，认为是公司的领导照顾你，给你轻松一些的工作，那么你就会心存感恩。

2.心怀感恩，自觉工作

工作首先是一个态度问题，对待工作，应有一种发自肺腑的爱，一种对工作的真爱。工作需要热情和行动，工作需要努力和勤奋，工作需要一种积极主动、自动自发的精神。只有以这样的态度对待工作，我们才可能获得工作所给予我们的更多的奖赏。

3.停止抱怨，真诚感恩

一个对企业满腹牢骚的人，是一个对企业没有感情的人，更谈不上对企业怀有感恩之情。那么，在企业中，也只能是处处树敌，使自己的工作陷入僵局，这样的人，只能招来别人的厌恶心理。

改变工作态度，让自己更勤奋

一个人对工作所具有的态度，也决定着他为人处世的方式。一个人所做的工作，就是他人生的一部分。而一生的职业，就是他志向的表示、理想的所在。所以，通过了解一个人的工作，在某种程度上也就是了解了那个人。

很多工作看起来似乎是微不足道的小事，但有些时候

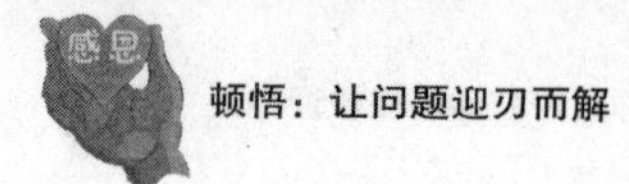

我们却没有做到或是做好，原因很简单，就是我们把工作中的这些小事情看得太微不足道了，但就是这些微不足道的小事，却体现着一个人对企业、对工作的态度。如果一个人有一颗感恩的心，拥有感恩的工作态度，就会把在工作中的每一件事情都当作大事来做，就会促使自己更加勤奋努力地工作，这样成功就会找上门来。

甲和乙同时应聘某单位的一个会计职位，会计主管给他们一个月的试用期，以此来决定留用谁，并拿出一堆账本给他们，要他们两个人在一个月之内统计年度收支情况。

一个月之后，甲和乙同时做完了统计情况表。会计主管认真看过之后做出了选择，他们决定录用乙而淘汰甲。这样的结果令甲十分恼火，他没有被录用，为什么？他无法想象，难道是自己做错了账吗？甲觉得不服气，于是找到了会计主管。会计主管告诉甲，两个人的结果都对，但甲没有做月末统计，而乙不但做了，还做了季度统计。甲问："不是要年度统计吗？"会计主管笑道："是啊，年度统计数据应该从每月的合计中得出，这不算什么会计学问，但是却反映了做会计的严谨态度。也许你们两个人能力相当，但是我们更看重的是态度。"

仅仅是举手之劳的一件小事，使得乙在这场竞争中胜出。在现代企业中，越来越多的老板看重一个员工的工作态度，而不是只看重一个人的能力。

我们在工作中都特别重视能力培养，无论是知识层面还是经验层面，但同时我们也应该知道辛苦培养的能力，必须借助一种力量把它发挥出来，否则再强的个人能力也只能显现在我们的证书里，对企业和自己都不会产生半点价值，而这种力量就是态度。所以在工作中，我们不论做任何事，都要把自己的心态放平，抱着学习、感恩的态度，不要计较一时的待遇得失，这样才能让自己更加努力勤奋地工作，这也会使得我们做任何事都心甘情愿、全力以赴，当机会来临时才能及时把握。

那么，在工作中我们应该拥有怎样的工作态度才能让自己更加勤奋努力地工作呢？

1.积极主动地解决工作中的问题

一个心怀感恩的人，必然会用认真、严谨的态度去对待工作。在工作中遇到问题时，也会积极主动地去想解决办法，即使自己想出来的办法很差，但也能保证问题的解决；或者自己想不出办法时，能积极主动地去请教别人，这种习惯不只是说明一个人很谦虚，更是一种做事的态度。

而相反的，如果一个人没有一颗对企业感恩的心，那么在遇到问题时，就不会去主动想解决办法，而是等待领导指示或别人提醒，如同算盘珠一样，拨一下，动一下。或者就直接把问题推给别人，留给领导来解决，这样的人，不管处在哪个企业，都不会受欢迎。

2.不要拖延任何一项工作

很多人喜欢在工作和得过且过之间先选择后者，然后在最后一次性赶工把工作突击完成。养成这样的习惯是十分危险的，因为工作是永远做不完的，容不得你“突击”。再者，如果你觉得一件事情必须得请示一下领导，那你同时也要意识到当你在彷徨不知如何实施的时候，其实你正在拖延工作。工作的时候需要一种起码的自信，相信自己有能力，不管下一步是什么状况，自己都能把工作做好。

3.更加勤奋努力工作

一个人具有感恩的心，则会积极主动地对待工作，也希望能得到积极的评价。因为，他在做事的过程中用了心思，期望能把事情做好，能得到一个好结果。因此，他们在工作时，不只是完成工作，还希望把工作做好，使结果尽可能完美。反之，不在乎结果的人，也不在乎别人的评价，甚至觉得这样的工作与自己没有关系，或者只是领导的意思，自然不会把工作做得尽善尽美。

努力工作，让你成为老板青睐的人

在职场中，如果你想成为老板面前的红人，不需要整天绞尽脑汁地在领导面前溜须拍马，只要你常常心怀感恩，尽

善尽美地做好本职工作，保持着对工作的一种热情和对企业的忠诚，那么，你就会很快成为老板青睐的人。

心怀感恩，让自己对企业有一种使命感，没有加班费，没有额外奖励，没有职位提升，也照样拼命完成工作。但也恰是这种感恩精神让个人拥有了强大的执行力和创造力，即使他是一个呆板、木讷的人，也能成为老板青睐的人。

小范和小赵同在一家公司供职，小范天生性格有点内向，在公司不太爱说话，整天只是埋头做好本职工作，任劳任怨、毫无怨言。有时候下班时间到了，小范还在办公室加班，周围同事都笑小范傻，而小范却说："对工作执着，也是源于对企业的忠诚。"

而小赵天生性格活泼，头脑灵活，在公司爱说爱笑，被周围同事称为"开心果"，在领导面前也能灵活圆滑地应付，所以小赵深得公司上下喜爱。

最近，公司的一个部门经理职位空缺，公司决定在几个候选人中间竞聘录用一个人担任，自然，小范和小赵也在候选人之列。消息一宣布，公司上下一片议论，大家都认为，这个部门经理的最佳候选人肯定是小赵无疑了。而小赵在公司领导面前也表现得更加卖力和殷勤了。

一天下班之后，经理来到办公室，看到小范还在加班，于是问道："小范，这会儿都下班了，你为什么还不走呢？"小范说道："经理，这还有一点小活没有做完。"经理问道："小范，你为什么这么拼命呢？"小范告诉经理："想当初我找工作十分辛苦，碰了无数次壁，最后才找到了这样的一份工作，所以我应该感谢这个机会，更加努力才行。"听完小范的话，经理赞许地点了点头。

一个星期后，小范被提拔为部门经理。

老板需要头脑灵活，懂得人情世故的人，但是这样的人也往往会对工作敷衍了事，因为在这样的人眼中，领导交代的工作才是"真正的工作"，其他鸡毛蒜皮的工作，能应付尽量应付。这样的人会被领导用，但最终不能成为老板青睐的人。只有忠诚于企业，忠诚于老板的人，才能成为老板面前的红人。

所以，我们要心怀感恩，努力工作、勤奋学习。对于我们来说，感恩首先意味着与企业同舟共济，和老板能成一条心才能让自己成为老板青睐的人。

那么，在职场中如何才能让自己成为老板青睐的人呢？

1.不抱怨工作中的点点滴滴

有这样一类人，在办公室中会抱怨办公环境差，在家里会抱怨领导对自己不好，在别人面前会抱怨同事的不好等。其实，对老板、同事、工作充满怨气的员工源于没有一颗感恩的心。他们没有认识到是老板给了他们工作的环境和机会，没有感受到是同事给予了他们工作上的支持和协作，没有体会到是工作提供给他们成长的空间和生存的土壤。这样

的人是永远也成不了老板青睐的人。

2.懂得工作是生命中最重要的事情之一

我们要懂得工作跟温馨的亲情、美丽的爱情及壮丽的河山、明媚的阳光一样，都是上天对我们的恩赐。工作对于每个人来说，都具有极大的价值与意义。我们从工作中所获得的一切，享受到的一切，都不是平白无故得来的，而是许多人共同创造、奉献给我们的，这其中包括我们的老板和企业。老板给了我们工作的机会和施展抱负的平台，给我们提供了工作环境、办公设备和各种福利，使我们得以成就自己的事业与梦想以及实现自己的价值与人生。

3.坚持公司利益至上，具有团队意识

一个对企业有感情的人，也是一个时时刻刻把企业利益看得至高无上的人。这类人处处坚持企业利益至上，并具有团队意识，能成为团队中的领军人物，这样的人必定会得到老板的信任。只要对企业怀着一颗感恩的心，努力工作，孜孜以求，做好自己的本职工作，而不是争功邀宠，那么成为老板最信任的人的日子也就不远了。

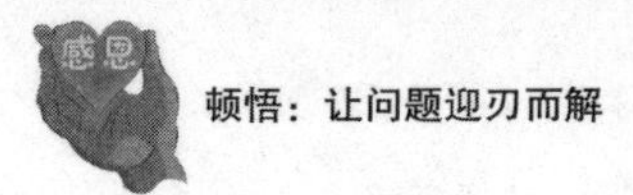

感恩的心态，也是自己工作的动力和热情

一个职员要想从众多同事中脱颖而出，必须用工作业绩来证明自己的能力，只有能力出众，才能引起领导的重视。而工作能力也是需要工作动力才能积累起来的，即使你才华横溢，但缺乏工作热情，那你永远也不会创造出骄人的业绩，因而也得不到提拔和重用。

感恩可以让我们更加珍惜眼前的一切，也可以让我们更加谦卑地生活。只有更有激情地工作，才能更好地展现一个人的能力。所以，拥有感恩的心态也是自己工作的动力。心怀感恩，我们会更具使命感，更能激发出我们对工作的热情，从而使我们感受到工作的快乐。

小夏准备结婚，为筹办婚礼而四处借钱，厂长把他叫过去说："小夏，听说你要结婚了，你得买东西呀，有困难你就跟我打招呼啊！"

"不用了！"小夏觉得厂长只是想卖个人情，并不会真的借钱给自己。不过他太需要钱了，于是打了个电话给厂长想试探一下。结果厂长只说了一句话："你现在过来拿吧。"

当小夏赶回工厂时，厂长早已站在厂房门口等着了。为了避免伤害小夏的自尊，厂长还刻意避开办公室里的其他人。他从裤兜里摸出一本活期存折交到小夏手里："拿去用

吧，看够不够，等有钱了你再给我存上就行了。”小夏打开一看，里面有五万块钱，他知道，这五万块钱是厂长辛辛苦苦积攒下来的血汗钱，同时，他还如此顾及自己的自尊，想得如此周到，这让他十分感动。

出于对厂长的感恩，小夏努力工作，常常一干就是十几个小时，任劳任怨，不给奖金、不发加班费也干。别人上一天班，他可以上两天班。有了新项目，别人只学本组的东西，他除了学习本组的，还把其他班组的东西也学了。厂长派往哪里，小夏就去往哪里，把问题解决好。脏活、累活都不逃避，有钱、无钱都不计较。大恩不言谢，他把感恩化为了实实在在的行动。

我们心怀感恩，不是因为我们不得不做，也不是我们做了就能得到多少好处，而是我们本来就应该这么做！没有任何理由，没有任何条件，做人的良知驱使我们要感恩图报，完成我们应该完成的一切，拥有一份感恩的心态，并最终将这种心态化为自己在工作中的动力。

所以，当我们得到了奖励和升迁时，就应该努力工作以回报老板和企业；当我们得到了同事的帮助时，也应该热情主动地配合他们，帮助他们；当我们得到了客户的订单与赞美时，更应该用更好的服务去回报他们……那么，在工作当中，我们该如何怀着感恩的心，激发自己的工作动力呢？

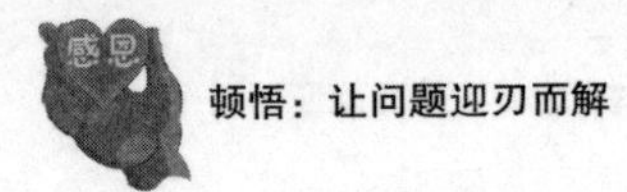

1.开阔视野，锐意进取，激发动力

对工作的感恩，也让我们懂得了回报，我们期望用更多的努力和成绩来回报领导对我们的支持与关怀，回报企业给予我们成长和发展的空间。感恩回报的心激励着我们每个人开阔眼界，自发地去吸收新的业务知识，提高工作技能，不断地充实和丰富自己，在工作中发挥创造力，提升工作质量，为企业创造更多的效益，使我们的个人价值得以实现。

2.要有不满足的心理

这并不是要我们不满足于薪水待遇，而是指我们要不满足现状，对于工作要精益求精，努力创新，为企业创造新的利润点。有了这样明确的目标，才能让自己满怀信心地工作。如果以懒惰怠慢、不求进取的态度对待工作，那么我们注定会一辈子碌碌无为。

3.认识到是企业为自己提供了广阔的舞台

公司为我们提供了一个广阔的发展平台，因此，我们必须认真负责地对待自己的工作，以确保这个平台的良好运转，否则的话只会得到唇亡齿寒的结果。因此，我们要学会感恩，并以此为动力，用努力工作来回报企业。

工作中遇到挫折和失败如何化解

很多时候，我们在工作中遇到挫折和失败之后，只是一味地抱怨，抱怨命运的不公，抱怨公司不景气，甚至于抱怨周围同事的种种。其实，我们大可不必怨天尤人。从这些挫折和失败中，我们可以汲取教训，以避免在今后工作中造成更大的失误，所以我们不仅要不抱怨，而且还要感恩工作中的挫折和失败。

"感恩"是一种生活态度，人生在世，不如意事十之八九，如果我们终日怨天尤人、耿耿于怀，那么生活便会索然寡味。怀着感恩之心一步一个脚印地努力工作，它能使我们从牢骚、抱怨、消极、抵触、浮躁、痛苦的情绪中解脱出来，告诉自己要努力工作，并且能够身心健康地快乐工作。

小蒋是20世纪80年代末的大学生，毕业后分配在某机械公司工作。刚参加工作时的小蒋豪气冲天，对工作充满热情，决心要在公司干出一番事业来。在不到一年的时间里，小蒋以其出色的才华、踏实的工作作风被提拔为生产部主管，后又升任副经理。然而三年后，小蒋却遭遇了他职业生涯中关键的一个拐点。这一年，生产部经理退休了，公司决定，从生产部的三位副经理中选出一位来担任经理。最终的结果似乎出乎意料，无论是专业能力，还是管理水平、工作态度，最被看好的小蒋却落选了！

一段时间，小蒋的确感觉到有些失落，但是凭着对机器的喜欢和对这一行业的热爱，小蒋并没有被这些挫折和失败击倒，相反更加自觉地和工友们融在一起，共同研究探讨解决生产中的问题，努力学习专业知识。

又过了八年，公司迎来了第一次内部体制改革。在“用对人、用能人、用好人”的新的用人理念基础上，公司重新盘点中层干部队伍，将小蒋调到质量部担任经理。在后来的上任大会上，小蒋告诉大家，正是因为那一次的挫折，让自己有机会学习到了更多的专业知识，如果当初自己一帆风顺的话，就没有这么多学习的机会，也就没有今天的成就。

的确，小蒋应该感谢那次挫折，让自己有了获得更多专业知识的机会。如果他当初当上经理，他就会被繁杂的事情缚住手脚，在新一轮的改革中肯定会被淘汰出局了。

古人说：“塞翁失马，焉知非福。”工作的好与坏，完全是心态使然。怀着一颗感恩的心面对工作时，工作就不再是痛苦，不再是负担。感恩的心，使我们对周围的点滴关怀都怀有强烈的感激之情，这使我们不仅工作得更加愉快，所获得的帮助也更多，工作也更出色。那么，我们在工作当中应该怎样面对挫折和失败呢？

1.换个角度来看工作中的挫折和失败

虽然我们无法完全预料工作中的挫折和失败，但我们

可以换个角度，换一种思维方式或换一种心态去看这些问题，这样也许我们就可以豁然开朗。我们应该认识到，挫折和失败的出现往往也是转机的到来，因此勇敢面对工作中的挫折和失败，也是一个增强自己能力、促进自己成长的重要机会。

2.进行自查自省，在挫折中寻求进步，并最终汲取教训

正所谓"覆水难收"，事情已然发生，谁都没有回天之力。重要的是要承认现实，这时可以细细品味"失败乃成功之母"这句话。认真分析、审视自己工作受挫的过程，多从自身找原因，克服工作中自身存在的问题，并最终从挫折或失败中汲取教训，才能在以后的工作中取得更大的进步和成功。所以说，挫折当中也蕴含着力量，处理得好还可激发你的潜力。

3.调整心态，放松心情，放下包袱，轻装上阵

当挫折和失败不可避免地发生的时候，我们不应该畏惧，更不应该一味地抱怨别人或是对企业牢骚满腹，而应该及时地调整好自己的心态，放松心情，放下包袱，不让工作中过去的一些事情束缚自己的手脚，从失败的阴影中走出来，以取得更加辉煌的成就。只要我们学会正确地对待挫折与失败，我们就能在以后的工作中少走弯路、少犯错误，才能取得更大的成功。

化敌为友，善待你的竞争对手

一提起竞争对手，我们经常会自然地将其与敌人、敌对关系这样的词语联系起来。尤其是在工作中，由于利益关系的存在，竞争对手之间往往弄得剑拔弩张，关系分外紧张。其实竞争对手未必就是敌人，很多时候我们应该感谢有对手存在，感谢他们对我们的激励，感谢他们让我们有了更加勃发的斗志。所以说，竞争对手的存在往往比合作者更能够使我们获得成功，他们的存在会让我们变得更强大，即使这种改变是被逼迫的，不能否认，其效果是很显著的。

加州的《动物保护》杂志里介绍了这样一则故事：在秘鲁的国家级森林公园生活着一只年轻的美洲虎。美洲虎是一种濒临灭绝的珍稀动物，全世界现在仅存十几只。为了好好保护这只珍稀的美洲虎，公园的管理人员在公园中央专门辟出了一块近20平方公里的森林作为虎园，并精心地设计和建造了豪华的虎房，好让美洲虎能在此舒舒服服地生活。虎园里森林茂密，百草芳菲，沟壑纵横，流水潺潺，还有成群人工饲养的牛、羊、鹿、兔等供美洲虎尽情享用。凡是到过虎园参观的游人都说，这么美妙的环境，真是美洲虎生活的天堂。

但是，让人感到奇怪的是，美洲虎从来没去捕捉过那些专门为它预备的活食，也从没有显示过它的王者之气，啸傲

于莽莽丛林，甚至连像模像样地吼上几嗓子都没有过。人们经常看到的是它整天躺在装有空调的虎房里，或打着盹儿，或耷拉着脑袋，睡了吃，吃了睡，一副无精打采的样子。有人说，它也许是太孤独了，如果有个伴儿也许会好些。于是，政府又通过外交途径，从哥伦比亚租来一只母虎与它做伴，但结果还是老样子。

一次，一位动物行为学家来到森林公园参观，一见美洲虎那副懒洋洋的样儿，便对管理员说，它是森林之王，在它所生活的环境中，不能只放上一群整天只知道吃草不知道猎杀的动物。这么大的一片虎园，即使不放进去几只狼，至少也应放上两只豺狗，否则，不管怎样美洲虎都无法提不起精神。

管理员们听从了动物行为学家的意见，从其他动物园中引进了几只美洲豹投进了虎园。这一招果然奏效，自从美洲豹进了虎园的那天开始，这只美洲虎就再也躺不住了。它每天不是站在高高的山顶上愤怒地咆哮，就是有如飓风般俯冲下山冈，或者在丛林的边缘地带警觉地巡视和游荡。美洲虎那刚烈威猛、霸气十足的本性又被重新唤醒了，它又成了一只真正的老虎，成了这片广阔的虎园里真正意义上的森林之王。

美洲豹的到来让老虎有了危机感和警觉性，不得不说这是一种非常有效地激发美洲虎本能的方法。竞争对手的存在

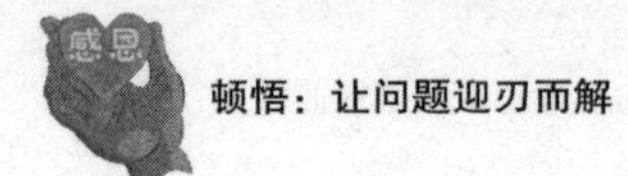

对于我们来说，就像是突然到来的美洲豹，他们能够让我们始终保有危机感。这种危机感能够让我们始终处于良好的工作状态之中，能够提高人的办事效率，能够让我们的目标更明确，动力更充足。当然对手的存在也能够让我们很好地认识到自己的不足，从而完善自己，提高自己。

很多时候，敌人和对手往往显得比朋友更真诚，当他们打败你时，绝不会留情；他们嘲笑你时，那份冷酷也会令你刻骨铭心。在一次次与对手的较量中，两颗心在竞争组成的螺旋线里，彼此用自己的爱与感恩，宽容地将对方的棱角环住，从而共同进步、共同成长、共同成功。可见，我们真是应该特别地感谢竞争对手的存在。

俗话说“逆水行舟，不进则退”，对手越是强劲，我们的斗志才会越旺盛，对手的强大能够促使我们也变得强大。“大千世界，适者生存”，只有顽强地生存下来的人才是强者，才能够胜任建设社会的任务。所以，在现实生活中，我们不应该痛恨我们的对手和敌人，而应该怀有一颗感恩之心，感谢我们的敌人和对手。一个表现精彩的对手，很多时候也让我们表现得很精彩，对于这样的对手，我们应该说声谢谢。

第10章

融入职场，让你在职场与人相处更默契

一个能够在竞争激烈的职场穿梭自如的人，才是真正快乐的人，一个能够在工作中找到快乐的人，才是真正幸福的人。一个人除了日常生活之外，最大的价值就体现在职场上，工作业绩的好坏，人际关系的和谐与否，都影响着你在职场中的心情，而这也将会是导致你工作质量优劣的直接因素。所以说，怀有一颗感恩的心，与职场中的人默契而友好地相处才是你所必须做的事。

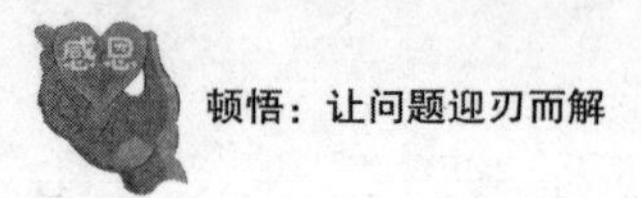

真心帮助同事，打造和谐工作氛围

不管工作的目的是什么，有一点是毋庸置疑的，那就是没有大家的帮助你将寸步难行。如果大家排挤你，你会一刻都待不下去，正因如此，在职场中同事们能够接纳你，你就要对他们表示感谢，同时心存感恩，用真心去回报同事。这样，你在职场的人际关系就会越来越好。事实上，一个宽松的人际关系，融洽的工作氛围更能提高工作效率。

小王出身贫寒，在亲戚朋友的帮助下才一路走到大学毕业。导师的朋友老张看他勤恳踏实，在毕业招聘会上向公司老总建议聘用了他，因此导师在毕业酒会上忠告他在工作上要踏实认真，在人际关系上，要对周围的人心存感恩。别人敬你一尺，你要还人一丈。

一天，公司任务比较紧，夜已深了，他和几个同事还在加班加点地赶。忽然听见对面的同事老张长叹了一声，接着就看见老张抓耳挠腮地拍打电脑，好像是电脑出了问题。小王在大学里选修过一门课就是电脑的维修与养护，对电脑

的一些简单毛病还是能处理的。其他同事简单关心了一下就接着忙自己的去了。只有小王挽起袖子，开始帮老张收拾电脑。

老张感动莫名，一个劲地叹气：“哎呀，真不好意思，耽误了你的事。”小王笑笑：“没事，你先在我的电脑上忙就是了。”老张只好坐在小王的桌子前忙自己的。不一会儿，小王长出了一口气：“好了。”老张站起来感动地说：“真得谢谢你啊。”小王擦擦手，摇摇头：“张老师，你太客气了，一点小忙，算不得什么。再说我从小到大是在像你这样的人的帮扶之下走到今天的，能帮这点忙，算是一个小小的回报吧。时间紧，我们还是先忙吧。”

第二天，任务顺利完成，庆功宴上老张特意将小王帮他的事说了一下，公司领导都对小王赞赏有加。而老张这位老员工对小王也是处处有意提携。

案例中的小王一路靠着众人的扶持才走上工作岗位，因此无论走到哪里对周围的人都心存感激，尤其是对帮助过自己的人，更是想方设法地予以回报。这样他才广结善缘，让自己在职场中游刃有余。

大家知道，一个人事业的成功并非全靠个人的打拼，还要靠良好的人际关系，而人际关系的基础就是人心换人心。对他人的好时刻感念在心，朋友有难我们要拔刀相助；同事有难，我们也不能袖手旁观，而是真诚地去帮助，但在帮助时要切记：

1.感恩要真心诚意

在职场中总有那么一种人，他会对帮助过自己的人或是要帮助自己的人说得天花乱坠，总之千言万语一句话，他会回报你会帮助你的。然而事过三天，仍然不见踪影。这样，一方面你寒了人家的心；另一方面还给人留下虚情假意的印象，以后不要说有忙，就是有事也不会找你了。

2.感恩要看时机

人生不如意事十之八九，因此别人有困难时要伸手，但每个人都有自己的空间和个性，也许这件事不便让你帮忙，也许这个同事不喜欢让人帮忙，因此面对这样的情况安慰一下后全身而退，这并不见得是你不知感恩。有的人总想雪中送炭，最后却成了火上浇油，好心办了坏事，就是因为不看人不对事。

3.感恩要量力而行

对同事的帮助我们心存感恩，这是为人的基本品格，但是在回报时一定要量力而行。古代历史中为了所谓的私义和恩情而不辨是非杀身以报的行为固然慷慨，但并不符合现代社会的价值观。心存感恩要我们时刻记着别人敬你一尺你敬别人一丈，但若此时你连一尺也没有呢？有的恩能报则报有的忙能帮则帮，这时回报不了还有下回，人生百年，机会还是有的。否则，就可能事与愿违。

比别人多做一点，收获多一点

花一点工夫，比别人多做一点实事，让他人感觉到你的细心，这样有利于工作中与人相处得更融洽、更协调。让这种感恩的心体现在你的工作中，用感恩之情代替你的牢骚和不满，怀揣一颗感恩的心多去帮对方做一些实事，减轻工作中其他人的负担。

在工作中，用感恩的心帮助大家去做事，可以让他人对你产生好感，让身边的人相处起来更容易。在遇到问题时大家也会齐心协力，团队也就更有凝聚力，所以我们要怀揣感恩的心来帮助他人，让自己的人缘逐渐好起来。

广告公司的小王是一个热心人，见了其他同事都会很热情地打招呼，公司里最忙的人就是他，看到别人有了活就接过手来说："给我来做吧！"这让大家都很高兴。

每天从早上到下午都会看见他忙得不可开交。公司里很多员工都夸他："小王，看来还真不错！""是啊，这孩子，谢谢啊！"这时小王说道："这是我应该做的。我应该谢谢你们才对，平时给了我很多做事的机会，要不我啥也不懂呢！"

有一天刮了很大的风，但是必须去给一个客户装一个灯箱，还差一个人，这时小王刚从外面给客户送资料回来，说道："我去吧！"大家说："你刚回来，休息一会儿

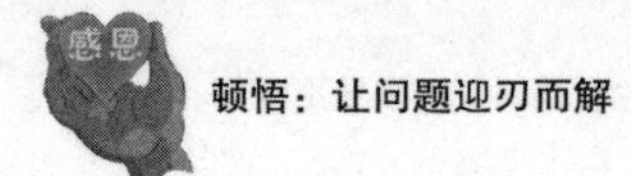

吧！”“我不累！”就这样，外面的风刮得再大小王也不怕，面对眼前的活他毫不退缩。

下午回来的时候已经很迟了，小王的外套上糊上了不少土，头上也是一层灰，于是大家都忙着为他掸掉灰尘，说道：“小王今天辛苦了！”“没什么，都是很轻松的活，累不着我。”在回家的路上，小王就想：“公司给了我这样一个好工作，我一定去做好，做踏实才对！不让别人挑出毛病，不然的话，多对不起大家呀。”

日复一日，公司里的气氛每天都很好，很多工作小王都抢着做了，看到别人需要帮助的时候也是第一个跑上前去。在小王的影响下，公司的凝聚力加强了很多。

上面案例中的小王在工作中积极热心，自己手头上的事只要一忙完，马上就去帮助身边的人，他的内心实际上是有一颗感恩的心在时时鞭策着他。如果没有现在的公司，他就没有这样的工作机会，当他想到这些的时候，就会更踏实地为公司做事。怀揣感恩的心，帮别人多做一点事，能够让大家更喜欢你。人际关系处理好，自己工作起来心情就会很舒畅。

在工作中拥有一颗感恩的心，比别人多做一点，要常念同事的好，多为他人着想，多为工作中的同事着想，在他需要帮助的时候伸出援助之手，看到对方就想到对方的好，同事也是团队中的一员，同为公司的发展添砖加瓦。没有他

们，自己就无法受到来自他们的影响和鼓励。

虚心接纳别人的意见

很多人在工作中都不喜欢他人给自己提意见，认为自己就是最好的、最棒的。但是，有句俗话说得好："人外有人，山外有山。"对方的意见可能会比你的更好、更完美，因此对同事要心怀感激，对他们的意见更应该虚心地接受。

学会感恩，尊重对方的意见，大家就更容易亲近你，你的工作做起来就更顺手。一个对待身边的人和蔼的人，会让更多的人和你相处起来变得轻松。彼此之间少了摩擦，那么你也就变得更成熟了。

过两天就要考驾照了，所有的学员都要在课堂中听教练的讲解。

巧的是，小张身边坐着他的一个好友阳平。阳平平时就有粗心的毛病，那天在抄写笔记的时候又出了一个小状况：他的高度近视镜因为放在桌子的边缘，掉在地上摔成了两半。想到小张的手袋里刚好有一个速粘胶，于是他揉揉眼睛，压低声音说："速粘胶借我用一下好吗？"

可是胶水放在了学员前一排靠右面的桌子里了。这时小张说："你办事老是那样粗心大意，这样在关键时刻会吃亏

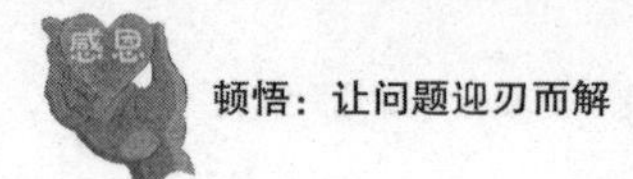

的。这会儿教练分析的这个问题很重要，应该认真听，一会儿再粘！”说完小张继续认真听起来。“还说我老是粗心大意！看看你！分明是有了困难不肯帮忙！”阳平很生气地说。

于是他不顾小张和其他人的眼光，低下身弯腰摸到了前面的桌子，取到了小张的东西后，就忙着粘起来，一边粘一边想：“没看出来，小张还真是小气！”

可是几天后要考试，阳平没把那一节的内容记录下来。这时候，他问身边的小张怎么答，小张说道：“我说你粗心的毛病不改，你还不接受，那天你不认真听教练的分析，当时讲解的就是这个题目呀！并且你的眼镜片摔碎也是你粗心造成的，放好了能摔碎吗？”

这时，阳平恍然大悟：“哎呀！我怎么就没有注意我的这个毛病啊！”“唉！真是粗心啊！”

这让阳平非常后悔。这时，小张很细心地重新给他讲解了一遍。之后，阳平站在对面给小张深深地鞠了一躬。从那以后，每次小张给他提意见的时候，他总是很耐心地去听，再也不一意孤行了。后来他们都拿到了驾照，阳平也改掉了粗心的毛病。

从上面的案例看来，小张提醒阳平应该改掉粗心的毛病，然而阳平却听不进去，而当阳平三番五次地出状况时，他终于认识到了错误，不禁心感愧疚，给小张深深地鞠了一

躬，并且很快改正了他粗心的毛病。所以要多感激别人为你提出的意见，这样可以让你做事更可靠，而不会拆了东墙补西墙，状况百出了。所以说，对给你提出的人鞠躬吧！那样会少走很多弯路，让彼此之间有更多更好的交流机会，做起事来也就没有了阻碍，和他人的关系相处得也就更融洽，也会让他人在关键时刻更容易理解你。

在工作中每天和大家相处，学会倾听别人的意见要注意哪些问题呢?

1.要具体情况具体对待

对不同的事，要有不同的处理方法。当一件事情突然发生时，大家会有不同的处理意见。当他人意见与自己想法相左时，也不要和与你有不同意见的人发生不愉快的争执，那样就会错过处理问题的最好时机。应该具体问题具体分析，区别对待。

2.谦虚以待，不要狡辩

当别人提出意见时，一定要把态度放端正，不要狡辩，狡辩只能让事态更加严重，结局更难收拾，就像案例中的阳平，作为一个司机如果还改不了粗心的毛病，那就太危险了。以感激的心接受对方给你提的建议，能让你受益匪浅。

3.接受对方的意见时，要调整心态，及时改正

当接受同事的意见时要感激他并及时地改正自己的错

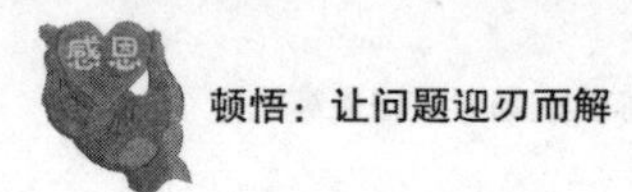

误，不要还在原来的问题上打转，不要感到沮丧，要积极应对，不可逃避。设想你的同事给你指出了你的一个错误时，而你老是想我为什么就不如他想得周全，我为什么这么笨，就没有了做事情的勇气。一个劲儿地和对方比较，令自己产生了消极的心态后，就无法去专心做事了。

练就出众的领导力，成为团队核心力量

感恩就像春日细雨，时常感恩可以让感恩之心在潜移默化之中滋润周围人的心灵。我们要用感恩之心对待工作中的每个人、每件事，时间长了，对方不仅会受到你的熏陶，也会因为你的影响力而开始追随你。所以不妨做一个团队中感恩的“领头羊”，让别人追随你，学会遇事多为大局着想，不图私利，多做实事。

用感恩的心回报他人，可以留住人心，就像一个首领，不用一颗感恩的心对待自己的部将，哪怕你舌灿如花也难以令你的部属在内心真正地服从你。有句俗话说得好“以情治人”，就是这个道理。

张新武是车行新来的部门经理，他刚来的时候大家都不怎么和他说话。在一个寒冷的冬季，外面的人很少，只看到外面不远处厚厚的积雪。大家缩着脖子在闲谈着，有的靠在

暖气片上。这样冷的天，看来今天没有卖车子的希望了。

这个时候有人大叫了起来："呀，怎么这么多水？"大家都过去看，发现楼上的水管子处往下冒水呢，可能是因为天气太寒冷的原因，一、二楼的楼板之间冻裂了。大家都不知道该怎么办。

这时，张新武闻讯跑来，关掉了水管的总阀门。找到总经理汇报了情况后，总经理下来看了看说："天这么冷，过一段时间热一点再说吧。"这时张新武说："这样公司就没有水了，包括公司员工吃饭，车子擦洗，这些都要用水啊！""是啊，这样冷又能怎么办呢？"总经理说。"这样好了，我去找来修理工，今天就去修吧！""那你就尽快去办吧。"总经理同意了。

他叫来身边的一个哥们打电话找维修工人。趁老总不在，那个哥们开玩笑地说："你笨啊你，偏要找事情干吗？"张新武笑了笑说："我们总不能看着不管吧，这么多员工要吃饭，何况这么冷的天气，每天洗车就要用很多水，总不能让你们到很远的地方运水吧？老总也不容易，让他老人家亲自来干，也不是个理。"一席话说得对方直吐舌头，于是打电话找来了维修工。

冻裂的水管修好了，大家吃饭的时候围在一起说："要不是张新武，这样香喷喷的大米饭就没有啦！""可不是吗？以后要多向张新武同志学习！干什么活儿不能再装没听

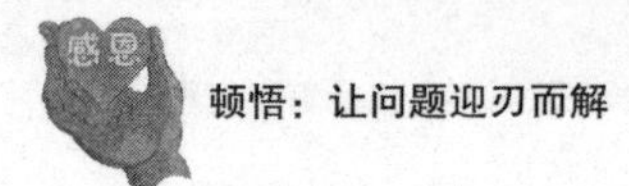

见啊！”这时老总也来了，笑着说：“小张还是想得周全，值得表扬！”这时张新武说：“这是我该做的，没水，大家的日子都不好过嘛！”“值得我们学习！”张新武的那个哥们儿一边吃饭一边小声插嘴说。

“一开始你不是这么说的啊！”一个耳尖的嚷道。“是我错了还不行吗？”他有点脸红地说。

后来，公司里不论遇到什么事都喜欢找来张新武讨论，每个人都受到他的影响，先前对他那样的态度再也没有了，大家在内心里都很佩服他。就这样，他成了大家心目中的“偶像”。公司里有了什么活，他的哥们儿也毫不推辞地去料理，还会在每一次的任务中动员大家一起去做。

案例中的张经理，一开始的一段时间里，公司里的人都不怎么和他说话。他的哥们儿也觉得他很“多事”，可他却不以为然。后来因为他的一席话，改变了对方的态度。处于老总之下、员工之上的一个重要角色，怀揣一颗感恩之心对待身边的每个人和每件事都很细心到位。没有一颗感恩的心，有事就装没看见，有了情况把“门”关严实，那么不要说做“领头羊”，就是一头普通的“羊”也做不好。所以感恩可以让大家更团结。

在工作中时常感恩，让自己成为团队中的“领头羊”要注意哪些方面的问题呢？

1.感恩之情没有止境

感恩，并不是一时兴起而为之，遇到他人的冷淡和打击便弃之的事情。感恩，应该是持久地去感激他人、帮助他人、越是遇到困难和阻碍越是要努力向前，给周围人做一个积极的榜样，也只有这样，你才有资格成为一只“领头羊”。

2.出现问题要及时解决

工作时可能会遇到大大小小的问题，作为“领头羊”一定要深思熟虑，在关键问题上要快刀斩乱麻，解决问题一定要及时到位，把对公司不利的风险因素降到最低。

3.解决问题要有长远设想

要想在团队中做好“领头羊”，在工作中处理问题一定要有一个长远的设想，可以做主的事情要当下就解决，无法定下来的事找到相关人员商量了再决定，然后找到最好的解决方案。有了长远的打算，就可以避免重复地做一些无用功了。

与同事相处，要多学会感恩

和同事相处的时候怀揣一颗感恩之心，可以与同事建立默契，在工作上也会配合得很好，这样出差错的概率就会降低。用一颗感恩的心来对待你身边的同事吧，他是你工作中

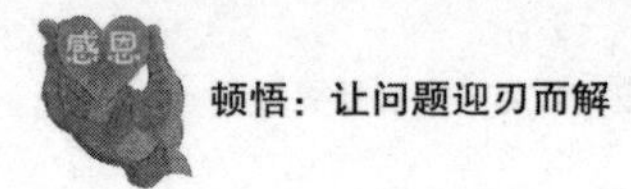

不可或缺的伴侣，是你同一个战壕中的战友。

很多时候，感恩不仅是自己心中的一份感激之情，也可以是传递同事之间友好互助关系的桥梁。任何人想要在社会上立足，都不是一个人就能做到的，需要周围人的帮助和鼓励。所以，当他人帮助了你的时候，哪怕是举手之劳，你也应该大方地表示感谢，这样友好的感情传递给对方之后，能够很快地建立双方之间的信任和友好关系，当你去帮助别人的时候，别人也会把这种感恩的心情传递给你，一来二去就会形成广泛的人际关系，拥有良好的人缘，这样你的工作也会随之变得简单、愉快起来。

徐辉是通信业务部的销售人员，每次月末他的业绩总是很突出。徐辉本人看起来其实并不出众，可以说是相貌平平，毫不起眼，那么是什么原因让他的销售量总是那么突出呢?

原来徐辉去客户那里时，他总会把党明明叫上。党明明的业绩也很不错，两个人配合得很好，很默契。每次见到客户，两个搭档彼此之间的一个眼神和动作就很快让对方领悟到，要如何配合才可以顺利提单。

一天，一个大雨滂沱的日子，两个人出发了，去拜访一个预约好的客户。这个客户有意安装公司的通信设备，提前说好了见面的时间。雨天有可能会影响设备的正常安装。不过两个人商量好了与客户商谈的流程后，还是在下午准时敲响了客户的门。在彼此之前的精心策划和当下的默契配

合中商谈很顺利。

可是在安装设备的时候两个人遇到了小麻烦——他们忘记了带路由器。由于是雨天，往返路程又比较远，客户很着急地问该怎么办。这时党明明想到了一个主意，在离这个客户不远的地方，有一个搞活动时赠送路由器的老客户可以请他帮忙。找到了客户后，对方答应把旧的路由器借给他们使用。这时徐辉很高兴地拍着党明明的肩膀兴奋地说："哥们儿，有你的，我怎么就想不到呢？谢谢你啊！"

党明明笑着说："谢什么，谁让我是你的搭档呢？"设备很快安装好了。从此以后，两个人更成为形影不离、无话不谈的好朋友了。

从上面的案例中可以看出，当徐辉的同事为他解决了自己无法解决的难题时，他的心里只有感激之情。用一颗感恩的心对待身边的同事，可以在工作中获得更高的成功指数。彼此配合得默契，就会少走些弯路，到达终点的过程就会缩短。

有句老话说："一个篱笆三个桩，一个好汉三个帮。"这就充分说明了良好的人际关系以及他人帮助的重要性，而感恩之心可以作为人和人之间感情传递的纽带。把感恩之心用到工作当中，既传递了自己对大家的感激之心、感谢之意，又融洽了关系，当自己需要他人帮助之时，你的身边自然会有无数双援手伸出。

那么，在职场生涯中，学会用一颗感恩的心与身边的同事相处要注意哪些问题呢?

1.感恩之情要及时表达

很多人比较内向，有时不愿意表达自己的感恩之情，其实这样很不妥，因为你在对方帮助你的时候，没有表现一点感谢的意思，沉默寡言，会被误认为没有人情味。关键时候连“贵人”都不认，那么以后还指望谁会为你指点“江山”呢？及时地表达你的感恩之情会让对方更了解你，也更愿意与你相处，以后有困难的时候他会更愿意帮助你。

2.感谢对方要情真意切

感谢同事为你带来好点子和资讯，会让彼此的交往更愉快，更可以让你的工作和事业顺利。让对方感受到你的真情来自心扉，真真切切，那么下一次他会有更多的表现欲望，有更多新的点子和新的资讯和你切磋，当彼此在切磋中获利后，他的内心也会和你一样喜悦。所以感恩你的同事要情真意切，让他体会到你的情谊才好。

3.感恩对方以“礼”回敬

身边的同事帮自己的忙很多，用礼品回报对方是一种很好的感恩方式，当然，这些礼品一定不能太昂贵，不然的话对方也不会安心接受。适当地选用一个小礼品送给对方，比如一只可爱的毛毛熊，虽然礼轻，但是情意重，这小小的礼品会让人感到惊喜，从而打动对方的心，让他知道你是一个

有情有义的人。适当地用礼品传递你的感恩之情，有利于你在职场生涯中走得更好。

宽以待人，严以律己

有句格言这样说道："静坐常思己过，闲谈莫论人非。"这是儒家的道德思想，其中含有很高的人生智慧，也是修身养性的一种特别境界。在职场生活中要多反省自己而少责备他人，要让你身边的人都得到你的祝福和祈愿。静下心来，在无人的夜空，多多用心去反思自己，看到自己的不足，从而改正自己的缺点。

在职场打拼，大家很容易因为小事情而有分歧，这对你的态度会有很大的影响。此时，多用感恩的心去体会和谅解对方，比你去与人争执、做无用功好得多。不论孰是孰非，把自我的心态摆正，好好地去审视自己，观照自己，让对方也有空闲静下心来去思考。

姚明到公司时还是一个普普通通的销售人员，热情、积极。在大家的帮助下他很快熟悉了公司的业务流程，没过三天他就为公司带来了不小的业绩，公司的老员工也都很羡慕他。就这样，他在大家赞许的目光中不断地开发了很多新客户。

后来，公司来了一批新员工需要培训，这时公司领导问大家谁可以带这些员工去熟悉业务，大家感觉新进人员难上手，都沉默着。这时姚明站起身说："我来！"同事们都望着他，有的老员工还笑着说："这下姚明又有新活儿干了！"

在下班的路上，一个先前的组员打趣地说："姚明，他们的业绩到时划你一半吗？"姚明笑着说："我才来公司的时候，不也什么都不懂吗？现在我懂了，就要帮助不懂的新同事呀！"

带了新员工几天，姚明费了不少功夫，但是总算没有白费力气。新员工也相继熟悉了工作流程，姚明终于松了一口气。日子一久，有的新员工也知道如何去开发新客户了。并且在有了业绩的时候总说姚明是他们的"师傅"。

一天在会上，领导选出几个主任候选人，姚明是其中的一个。大家都投票给他，于是他入选了。

当会议结束前领导表扬他的时候，姚明很感恩地说："今天的我其实都是大家对我热心帮助的结果，不然我还是一个对业务一窍不通的人。在这里我要真心地对在座的每一位领导和同事表示感谢，谢谢大家对我的帮助！"这时掌声不断地响起，先前和他开玩笑的同事也向他竖起了大拇指。

从这个案例中我们可以看出，姚明用一颗感恩的心对待公司，他觉得是他欠公司的那份情谊，这就促使他肩负一种责任：用感恩的心回报帮助过他的同事、领导和公司。公司

里的同事和领导都是每天和你相处的人，也是你应该感恩的人，是他们引导你从一个什么也不懂的人一点点地成长，一天天地变成“参天大树”，成就了你的梦想。

在职场生涯中，感谢身边人的滴水之恩，责己身之过，要注意哪几个方面的问题呢?

1.感恩不分事情大小

别人对你的恩情不论大小都要表示感谢，不能因为事情小就不去感谢对方，那样会让对方认为自己的帮助对你来说是可有可无的，下次就会对你出现的困惑和不安不理不睬了，就是再大的障碍对方也觉得不去帮助你是正确的，因为你对待别人冷淡又无情，获得帮助后一点感恩之心也没有，觉得帮助你只有自讨无趣。

2.要多反观自己

反观自己的不对和过失，在处理大小事情时，要多看看自己的不足，感恩对方。这样做可以使你和对方的关系更融洽。要想让对方以后和你的关系更近，就要每天花上几分钟多想一想对方的好，看看对方的优点，给自己补充应有的能量，以便以后的工作完成得更好。

3.表达感恩之情要适度

对待身边不同的人要有不同的表达方法，太过张扬、太过委婉都不行，适度就好，点到对方的心里就行。试想，当一个人帮了你一个很小的忙，你就“感激涕零”别人反而会

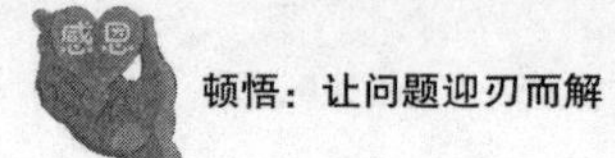

以为你不诚心。要根据对方的个性和当时的气氛，适度表达感恩之情才会有好的效果。对方帮了你一个很大的忙，你却让别人去为你代劳谢恩，自己不肯去说一句话，这样肯定会让帮助你的人寒心。

第11章

人生如此艰难，勇敢地铸造命运的形状

人生的美好，在于每天都可以与快乐相随。然而，人的一生中又会有许多无奈，有许多不公平，命运的甘露不仅不会像自己希望的那样及时垂青，还会不经意地把你撂在一个并不满意的土坑之中，似乎要让你把自己的精力白白地散发给荒凉的空气。聪明人暴利，这只是人生的一个片段，而不是最终的结果。

“假如时光可以倒流，世上将有一半的人成为伟人。”也就是说，人生道路取决于你的判断、选择、努力。感情人生的真谛，由此塑造命运的开关，在追求幸福的路上，每个人都要懂得放开心灵，善待自己，这样，你会从容地领略生活中的甘甜。

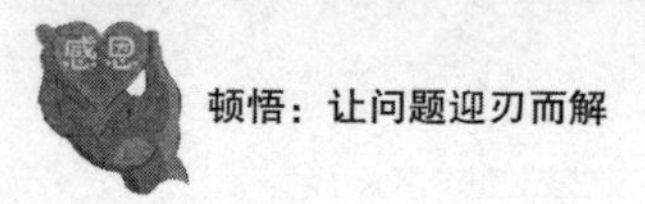

命运藏在思想里，躲在努力中

思路决定出路的口号已经被人高喊了许久，它的另一层含义就是：命运的轨迹是由想法铺筑的。

“滴自己的汗，吃自己的饭。自己的事，自己干。靠天靠地靠祖上，不算是好汉。”我国著名教育家陶行知编的这首《自立歌》对于现在的年轻人仍具有极强的激励作用。其在强调自立的同时，也在告诉我们一个道理：命运全掌握在自己的手里。

美国文明之父爱默生有句名言：“靠自己成功。”这句话影响了一代美国人，那些原来从英国统治下独立的殖民地国家的人民也在典型的美国个人英雄主义的影响下，迅速把这个国家建设成为当今世界上的超级强国。企业家吉姆·克拉克也给过年轻人忠告：不要凡事都依靠别人，在这个世上，最能让你依靠的人是你自己。在大多数情况下，能拯救你的人，也只能是你自己。

在一个人的一生中，会不可避免地遭受许多来自外部的

打击，但这些打击究竟会对你产生怎样的影响，最终的决定权在你手中。

记得小时候，爷爷常常哄着我嬉戏。这一天，爷爷把我叫到身边，用纸给我做了一条神采奕奕、栩栩如生的长龙。美中不足的是，长龙腹腔的空隙很小，仅仅能容纳几只蝗虫，淘气的我找来几只，把它们投放进去，它们都在里面死了，无一幸免！爷爷说："蝗虫性子太躁，除了挣扎，它们没想过用嘴巴去咬破长龙，也不知道一直向前可以从另一端爬出来。因而，尽管它有铁钳般的嘴和锯齿一般的大腿，也无济于事。"

说完，爷爷捉来几只同样大小的青虫，把它们从龙头放进去，然后关上龙头，奇迹出现了：仅仅几分钟，小青虫们就一一地从龙尾爬了出来。

同样的环境，不同的虫子，走出了不同的命运。原来，是生还是死，不在于别人的操控，全在自己的选择。哲人说，命运一直藏匿在我们的思想里。许多人走不出人生各个不同阶段或大或小的阴影，并非因为他们天生的个人条件比别人差多少，而是因为他们没有要将阴影纸龙咬破的想法，也没有耐心慢慢地找准一个方向，一步步地向前，直到眼前出现新的洞天。

在我们的周围，你经常会听到某人被夸赞十分聪明，聪明的人确实数不胜数，而最后能不落平庸的，却也总是不

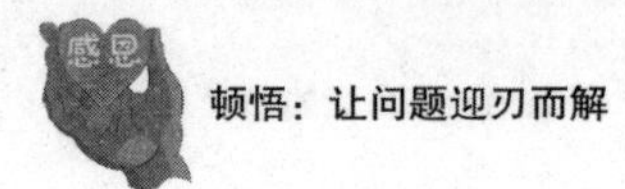

多。很多聪明人之所以不能成就一番大业，就是因为他在已经具备了不少可以帮助自己走向成功的条件时，还在期待能有一条成功的捷径展现在他的面前，还在奢望命运能够给他更多的恩赐。

而某些天生贫穷者，表面上看不出如何机灵的人，却在懂得生活的艰辛、人生的坎坷时，也懂得了命运为何物。消极者把命运交给神灵或上帝，而积极者则把它紧紧地握在自己的手中。

有一个穷孩子，住在郊区的一个垃圾场附近，生活一直很贫困。上三年级的时候，他在路上捡了一只易拉罐。这时，一个收破烂的人正巧路过，他做了有生以来的第一笔交易，这笔交易的纯利润是一角钱。

从此，他发现满地被人弃置的东西都是金钱。从三年级到高三，他卖了8745公斤废纸，4762个易拉罐，3143个酒瓶，981公斤塑料包装袋。无论同学们如何嘲讽和挖苦，他都认为真正傻的不是自己而是那些见到易拉罐不捡的人。10年间，他没向家里要过一分钱，也没有因捡破烂使学业受到丝毫的影响。相反，他因增加了阅历而使自己的成绩总是名列前茅。后来，他顺利地考入广州的一所经贸大学。

在大学里，他重操旧业，不过这一次他只做了3个星期，因为在捡一只易拉罐的时候，他被站在别墅阳台上的一位外商发现，外商请求他把门前草坪上的一只易拉罐捡走。

他走近别墅，外商用赞许的语言鼓励他。这时，外商惊奇地发现，这位捡垃圾的小伙子竟能听懂他讲的英语。外商异常兴奋，因为他的夫人正需要一位懂英语的草坪保洁员。

第二天，他就走进了这位外商的家，帮助修剪草坪，喷洒药剂，他的周薪是50美元。后来经他们的介绍，他又成了另外3家的草坪保洁员。

大学4年间，他利用星期天挣了4万美元。临毕业时，他申请成立了广州第一家草坪保养公司。现在他的业务已从外商家庭的草坪延伸到住宅小区的草坪，经营范围也从单一的护理发展到兼营肥料、除草剂和除草机械。

前不久，他提出口号——“你游玩，我们干”，400名大、中、小学生在暑假期间云集在他的麾下，包揽了广州市70%的草坪养护工作。一些建筑商也纷纷登门，因为他们发现小区绿油油的草坪，可以使房屋的租金或售价提高2%至3%。

如今，那位曾经捡易拉罐的小男孩早已是广州的一位百万富翁。据说，现在他的办公桌上放着一只用纯金做成的易拉罐。

放在办公桌上的那个纯金的易拉罐不仅仅是为了显示主人的财富，它是一个人与自己的命运搏击，并最终改变命运的见证。

以往，也许你常听到在困境中坚韧不屈、奋发图强，以致最后获得突破和成功的事例。这些人身上有许多“不安

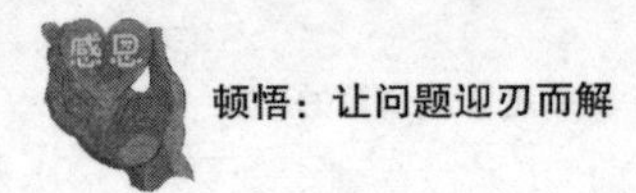

分”的因子，他们层出不穷的想法、敢作敢为的精神，推动着他们不断战胜命运给自己摆放的一个个障碍，在改变现状时，也改变着未来。

每个人一出生就有一个背景，在人生的坐标轴上，时间与成就显示出繁复的曲线状。不管你出身如何，以前如何，你要懂得，过去不等于未来。过去你曾怎么想、怎么做、经历了怎样的遭遇都不重要，重要的是今后你怎么想、怎么做。人性是看上不看下、扶正不扶歪的，你跌倒了，自己灰心丧气，那么别人会因你的跌倒而更加看轻你。

思路决定出路的口号已经被人高喊了许久，它的另一层含义就是：命运的轨迹是由想法铺筑的。

人生太“理想”，往往失去它的真实

人生对每个人都是一场综合的考验，不会对谁网开一面。在现实生活中，想得完美、理想不是错误，前提是你必须做得踏实。

年轻人步入社会时，多胸怀雄心壮志，多是把理想放在第一位。人有目标是好事，它可以使我们在行进之中不至于茫然失措、三心二意。理想的意义是无限的，但人不能光靠理想过日子，人生太理想，太追求完美，往往失去

它的真实性。

有一位朋友乔迁新居，相好的同事约好一同去祝贺一下，热闹一番。

走进朋友的家，就感觉主人是个讲究生活品质的人。虽不富裕，屋子却布置得简单而富有情趣。向阳台望去，很扎眼地悬挂着几盆花花草草，红绿相间，疏密有致，令人赏心悦目。

几个人在春日的艳阳下，散漫地坐着，随意地喝着茶，眺望远处的高楼，观赏近处的鲜花和草坪，谈论着轻松的话题，时空好像静止了，没有人愿意打破这份难得的温馨。

“我发现一个问题，这几盆花草有真有假，你们看出来了吗？”一位细心的女士说。

“我怎么没有看出来呢？”有人反问道。

“谁能不用手去摸，不靠近用鼻子闻，在五米以外准确地指出真假，我就送给谁一盆郁金香。”主人有些得意地说。

听到主人的话，大家都兴致勃勃地仔细观察起来。

眼前的几个盆栽，都长得很茂盛，看起来个个碧绿如玉，青翠欲滴。花儿，也开得有声有色，汪洋恣意。猛然看去，的确难辨真假。可是用心观察，你还是能发现其中的不同。我偶然发现有三盆花依稀能够找到枯萎的残叶，有的叶片上还有淡淡的焦黄，显示出新陈代谢和风雨侵袭的痕迹。可是另外两盆，绿得鲜艳，红得灿烂，没有一片多余的赘叶，没有一丝杂草，更没有一根枯藤。一切都是精心设计、精心制造的结果，它们显得完美无缺。看着它们，似乎这完美的东西远不如那些夹杂着残枝败叶的新绿更令人愉快。

人生原本就是极为真实、简单的，有些人对生活的幻想超出了生活本身，刻意装点的生活，就如那盆假花一样，虽然看起来很精致，但总会缺乏生气，缺少生命经历过的真实。

如果你有幸走进原始森林，你会发现，一株株笔直挺拔的参天大树，伟伟煌煌地一直蔓延到天地的尽头，间或有几株不知何时被风吹倒的树木歪在地上，有的渐渐风化了，长满了绿苔，松鼠和一些小动物们用它做窝，嬉戏其间，别有一番情趣。但如果没有这些倒掉的残木，没有参差不齐的灌木丛，只有整齐划一的栋梁之材，这原始森林就会逊色多了。

世界上万事万物又何尝不是如此呢？太完美、太理想就失去了它的真实性。没有荆棘丛生的杂木和小草，就没有长满参天大树的原始森林。没有艰难困苦，就不是完整的人生。一辈子没有受过挫折的人，是一个活得苍白乏味，活得最没意思的人。

理想，对于众多刚刚步入社会的年轻人来说，或多或少具有神圣的意味。但随着时间的流逝，他们渐渐地便开始挣扎于理想与现实之间，人生仿佛也被极端化了。不是虚无缥缈、毫无生气，就是极尽华丽、异彩纷呈。他们都忽

略了一点，那就是生活的可塑性、真实性，还有就是现实性。把握人生的真实，懂得生活的现实，对生命才会有更深刻的体悟。

人生对每个人都是一场综合的考验，不会对谁网开一面。在现实生活中，想得完美、理想不是错误，前提是你必须做得踏实。毛泽东有诗云：恰同学少年，指点江山，激扬文字，粪土当年万户侯。这不单是伟人的抱负，当我们年轻时，谁不认为自己是个人物呢？

年轻人有激情、有干劲，甚至拥有无限的创造力和可塑性，然而，他们的幻想和浮躁也是普遍存在的，具体表现在事情刚做到一半，就觉得要大功告成，开始飘飘然起来，不知道现实为何物。许多人从刚刚跨出校门第一步时，理想化的欲望就开始逐渐膨胀，他们觉得仿佛有一个支点，真的就能把地球撬动似的。这种意气大约会维系到结婚生子，平淡的日子过上几年，有些人又会陷入另一个极端，在他们眼里，生活就是一连串的平庸和烦恼，似乎永无出头之日。

作为走向社会不久的年轻人，摆正自己的位置，认清现实的压力，让自己沉下心来进入现实的角色中。每天都让自己成熟一些，真实一些，人生才会拥有更多的幸福与快乐。

人生总有得失，我们更应学会珍惜

人生中的得到与失去，像钟摆一样，永不停息。而人却总是在失去以后对往事有所眷恋，这是人的本性。

人很容易被欲望所控制，总在不断地追求，在乎更多的获得，忽视已成事实的失去。

然而，许多人却经常忽略这么一点：拥有的反面就是舍弃，得到的反面就是失去。

世界上所有的事情，都是相对的，都有得失两面性，今天看来是“得到”的事物，也许就埋藏着明日“失去”的因子；同样的，明日的“失去”，也可能蕴藏着日后的“获得”，而人生正是在这样一连串的“得中有失，失中有得”的过程中建构、获得。因此，我们不应该忽略失去与得到是一体两面，也不应该永远只关注其中的一方面，却忽视了另一方面，更重要的是，我们应该从事物的得失之间找到平衡点。那就是珍惜现在，珍惜拥有。

在一座很灵验的寺庙里住着一只蜘蛛，由于每天都呼吸着寺里的空气，日子久了，它也有了灵性。在它修炼了1000年的时候，有位游历的高僧路过此处，于是来到寺里，在临走时抬头看到了盘结在网上的蜘蛛，于是问它：“蜘蛛，你认为世界上最珍贵的是什么？”蜘蛛答道：“未得到和已失去。”高僧笑笑离去了。

过了不久春天到了，一阵微风把一颗露珠吹到了这个寺里，刚好落在蜘蛛网上，阳光下露珠晶莹剔透，特别好看，蜘蛛很开心，每天像珍宝一样爱护它。很快1000年又过了，高僧再次来到寺里，诵经完毕后再看到蜘蛛，这时的蜘蛛已经有1000年的道行了，高僧又问同样的问题，蜘蛛也同样回答。高僧笑笑又离去了。秋天来了，一阵风把露珠刮走了，蜘蛛伤心极了。可是也于事无补。高僧第三次来的时候，没有问蜘蛛问题，却问，蜘蛛你对你的答案改变吗？蜘蛛答道：不变。高僧说："那好，我让你转世去人间，回来你再告诉我答案。"

于是蜘蛛转世为一家大户人家的小姐，名叫蛛蛛，几年过去，蛛蛛已经出落得十分美丽，16岁时，皇上为太子选亲，很多名门闺秀都去参加。期间蛛蛛偶遇武状元甘露，他文武双全，英俊潇洒，蛛蛛暗暗喜欢他，觉得甘露和她相识是冥冥中自有安排。但不久的诏书却让蛛蛛万万没有想到，皇上将蛛蛛许配给太子芝草，把公主清风许配给了甘露。

蛛蛛很伤心，于是觅死，她变回蜘蛛见到高僧，于是问高僧这到底是为什么？高僧告诉它：甘露就是当年那个晶莹剔透的露珠，但是露珠是由风带来的，自然也由风把他带走。而现在的太子芝草当年是长在圆音寺门口的一株小草，由于修炼多年转世去了人间。他爱慕了你3000年，可是你却从来没有低头去看过他一眼。蜘蛛听完高僧的话，将魂魄

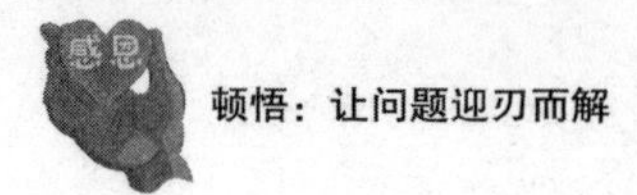

附体看到身边为她伤心准备自刎的芝草太子，刹那间痛苦万分，于是上前夺去太子手中的剑，俩人抱在了一起。

此时高僧出现，问蜘蛛，“蜘蛛，世界上最珍贵的是什么？”蜘蛛答道：“不是未得到也不是已失去，而是珍惜现在的每一刻。”高僧听后满意地笑了。

人生中的得到与失去，像钟摆一样，永不停息。而人却总是在失去以后对往事有所眷恋，这是人的本性。拥有的时候不懂得珍惜，失去了才知道它的价值。

曾听友人说过这样一则故事，是说一个女孩与一个男孩之间的点点滴滴。

女孩对她的男友说：“我是一条鱼，一条自由自在的鱼。”男孩听了笑笑，轻轻地响应她说：“如果你是那条鱼，那我就是水！”

女孩问男孩说：“为什么？”

男孩回答说：“我就像在鱼旁边的水，任由她呼进、呼出，但是我仍然甘心为了你这么做，因为我知道你是一条独特的鱼，可是现在我却想离开你。”

女孩听了非常吃惊，问男孩是因为什么。

男孩接着说：“因为水也是自由自在的，它可以以各种各样的面貌在世界旅行，而我现在却一直生活在一个玻璃缸中，陪伴着一条鱼，原本我觉得这是值得的，因为这条鱼吸引我，但是我是水，我不想被蒸发，我一直祈祷着有一天，

能和鱼一起回到河流中，而不再只是受限地生活在玻璃缸中。但是你却喜欢在玻璃缸中任人欣赏，享受被人疼爱的那种感觉，所以水对于鱼来说，永远只是她的配角。因为总是在身边，你已经太习惯了，所以我的好，我的价值似乎不在了，也被你所忽略了……”

人经常会忽略周围的人、事、物，因为习惯反而忽略了它的重要性。本以为自己已经牢牢获得的爱，就这样悄无声息地溜掉了，根源就在于轻视而不珍惜。

幸福生活原来就是“简单”二字。在简单中平凡，在平凡中拥有，在拥有中珍惜。然后和相爱的人一起慢慢变老，一起穿越百年相依相守，健康长寿。

绚丽的爱情之花，给人生幸福画上句号

见了他，她变得很低很低，低到尘埃里，但她心里是欢喜的，从尘埃里开出花来。

人生中不可缺少的东西太多，财富、健康、亲情、友情，当然，也不能缺少爱情。

崇尚真爱的人，认为人活着就是为了寻找爱情。每个人的人生都要找到四个人：第一个是自己，第二个是你最爱的人，第三个是最爱你的人，第四个是共度一生的人。首先会

遇到你最爱的人，然后体会到爱的感觉；因为了解被爱的感觉，所以才能发现你最爱的人；当你经历过爱人与被爱，学会了爱，才会知道什么是你需要的。才会找到最适合你、能够相处一辈子的人。但很悲哀的是在现实生活中，这三个人通常不是一个人：你最爱的往往没有选择你；最爱你的，往往不是你最爱的；而最长久的，偏偏不是你最爱也不是最爱你的，只是在最适合的时间出现的那个人。你，会是别人生命中的第几个人呢？

爱情就像一辆巴士车，从起点开到终点，途中会有人上车，也会有人下车。不要刻意地追求那个上车的人，也不要惋惜那个下车的人，在乎的是那个愿意陪你到终点站的那个人。

1943年对于张爱玲来说，无疑是最重要的一年。这一年，《沉香屑：第一炉香》、《沉香屑：第二炉香》、《茉莉香片》、《心经》、《倾城之恋》、《封锁》、《金锁记》等她一生中最重要的中短篇小说集中创作发表。这一年，年轻的她在上海红极一时，吸引了无数人的目光，也吸引了一个人，一个张爱玲生命中不可忽视的人，胡兰成。

1943年7月间，胡兰成偶然看到张爱玲的小说《封锁》，不由得击节称赞，托人结识张爱玲。应是命中的缘分吧，这第一次的见面，两个人就在一起长长地倾谈了5个小时，随后，张爱玲和胡兰成频繁交往起来。“因为懂得，所以慈悲”，这是两个人最初通信时张爱玲写给胡兰成的话，

自此可以看出，张爱玲对于胡兰成是有知遇之感的。

爱，就这样在才女心中萌生了。有一天，张爱玲把自己的照片送给胡兰成，并在背后写道：“见了他，她变得很低很低，低到尘埃里，但她心里是欢喜的，从尘埃里开出花来。”对比张爱玲小说的爱情故事里所有感人的片段，都没有这短短几句话让人听得荡气回肠。心高气傲、冷眼观世相、心头清如水的才女，就这样满怀喜悦，在她欣赏的男人面前，害羞地低下了头。

这就是所谓的缘分吧。“于千万人之中遇见你所遇见的人，于千年之中时间无崖的荒野里，没有早一步，也没有晚一步，刚巧赶上了。”

往往许多人在选择伴侣时，容易东想西想，不知所措，就是因为害怕一时做错决定，看错人，造成终生的遗憾。

诺贝尔文学奖得主萧伯纳说：“此时此刻在地球上，约有两万个人适合当你的人生伴侣，就看你先遇到哪一个，如果在第二个理想伴侣出现之前，你已经跟前一个人发展出相知相惜、互相信赖的深层关系，那后者就会变成你的好朋友，但是若你跟前一个人没有培养出深层关系，感情就容易动摇、变心，直到你与这些理想伴侣候选人的其中一位拥有稳固的深情，才是幸福的开始，漂泊的结束。”

爱上一个人不需要靠努力，只需要靠“际遇”，是上天的安排，但是“持续地爱一个人”就要靠“努力”，在爱情

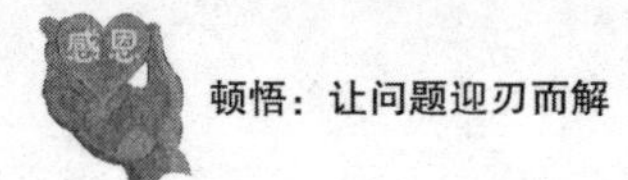

的经营中，顺畅运转的要素就是沟通、体谅、包容与自制。台湾作家张晓风在《一个女人的爱情观》一文中说，爱一个人，就是不断地想，晚餐该吃牛舌还是猪舌，该买大白菜还是小白菜？把爱落在碗里，实实在在，朴实无华，却感人至深，这是爱的另一种境界。

有许多人总是为“际遇”所迷惑与苦恼，意念不停、欲念不断、争逐不散，而忘了培养经营感情的能力才是幸福的关键。

所以不要去追问到底谁才是你的Mr. Right，而是要问在眼前的伴侣关系中，你能努力到什么程度、成长到什么程度，若没有培养出经营幸福的能力，就算真的Mr. Right出现在你身边，幸福依然会错过的，而活在犹疑与遗憾当中，这不就是许多“爱情虚无症”患者的遭遇与心态吗？

若你此刻已有一位长久相伴的伴侣，不要再随便三心二意地犹疑了，我们往往不易察觉感情中的一个陷阱，就是近亲生慢侮，所以萧伯纳的话，是要提醒情人不要太钻牛角尖于寻觅那唯一，应该把精神用在学会经营幸福的能力上，同时也提醒我们“弱水三千只取一瓢饮”。

若有幸遇到了难得的伴侣，就不要再三心二意了，因为我们永远不知道一生何时会遇到两万个其中的几个，所以要知福惜福、活在当下。

人生难免平淡，快乐生活需要营造

生活固然是平淡的，但快乐可以营造。最幽默的人，是最能适应的人。

在“80后”一词由沸沸扬扬到渐渐远去的今天，很多人忽视了现在一代的年轻人，不管是“80后”还是“90后”，都是“电视人”的一代。在电视、电脑陪伴长大的背景下，他们眼中的生活变成了电影、电视剧中的扑朔迷离、跌宕起伏。但尽管电影、电视里极力渲染那些由枪伤、雪崩、生离死别、冤狱和绑架案等制造出的戏剧人生，然而，我们能有多大的缘分遇上这些事情呢？我们的生活无非是柴米油盐、生老病死，虽然是庸庸碌碌，但这就是生活，正常的生活。

也有一些刚刚步入社会的年轻人，在单亲家庭的背景下长大，谈及个性都很强，其中的少数人越来越自闭，麻木和冷漠是他们的防卫本能。生活的平淡犹如微尘，微尘不断地叠加，最终覆盖了我们。怎样才能穿越这“生命不能承受之轻”？宗教传扬一颗平常心，诗人的药方是“保持几分童真”，男人呼吁浪漫，女人渴望情趣。

生活固然是平淡的，但快乐是可以营造的。只要你有营造幽默的心情，我们就能从司空见惯的环境中发现有意思的事物，也给身边的朋友带来笑声。

在人类智慧的财富中，幽默被认为是无价之宝。它能让

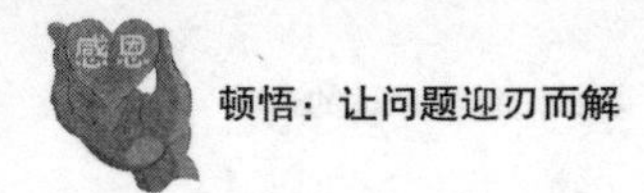

你的话语柔中带刚，即使是一种批评，也会让对方听得很舒服。生活中充满幽默，让你、让别人不时地笑逐颜开，你的人生会变得更加富有。

人生难免会有尴尬的时刻，在那一瞬间，我们的尊严被人有意或无意冒犯，或者被喜欢恶作剧者当众将了一军。此时，有的人感到自己丢了脸面，无地自容，恨不得把头扎进裤裆里去。可是有些人却不，他们会以幽默从容处之。即使这种尴尬的境遇不是由自己造成的，有修养的人也会以自身特有的幽默来营造快乐的氛围。

杰出的英国戏剧家萧伯纳的名字几乎与幽默成为同义词了。一天，年迈的萧伯纳在街头被一个骑自行车的人撞倒，虽然不十分严重，但这一惊吓也非同小可。那个人立即扶起戏剧家，并向他道歉。然而，萧伯纳打断了他，对他说：“不，先生，您比我更不幸。要是您再加点劲儿，那就可作为撞死萧伯纳的好汉而永远名垂史册啦！”

无独有偶，美国小说家马克·吐温的机智幽默，同他的小说一样，也享有盛名。

有一次，他去某小城，临行前别人告诉他，那里的蚊子特别厉害。到了那个小城，正当他在旅店登记房间时，一只蚊子正好在马克·吐温眼前盘旋。那个职员面露尴尬之色，忙驱赶蚊子。马克·吐温却满不在乎地对职员说：“贵地的蚊子比传说中的不知聪明多少倍。它竟会预先看好我的房间

号码，以便夜晚光顾，饱餐一顿。”大家听了不禁哈哈大笑。结果这一夜，马克·吐温睡得十分香甜。原来，旅馆全体职员一齐出动，想方设法不让这位博得众人喜爱的作家被“聪明的蚊子”叮咬。

弗洛伊德说:“最幽默的人，是最能适应的人。”用幽默给人以台阶，用幽默缓和尴尬的氛围、排解生活的苦闷，学会对人生持有一份幽默，才会将生活过得更有味道。

生活中的幽默其实很简单，首先在于心态，遇事时要冷静、豁达。其次就是用语言表达你的幽默。比如恋人迟到了，你可以说：幸亏你来了，那只近视的鸟错把我当成一棵树，正打算在我肩上孵蛋呢！

你的话语，可以像优美的歌曲，婉转动听，也可以像刺人的利剑，伤人内心。幽默机智的话能使人产生喜悦和满足之感，令人久久难忘。因此我们可以说，幽默的作用之一是在无法令人满意的情况下使人产生满足感，保证情绪的稳定，不致说出伤人的言语或做出过激的行动。

做一个生活中的有心人，用心的人，即使你的生活很平淡、很寂寥，只要你怀有幽默之心，也可以轻松地营造快乐的生活。

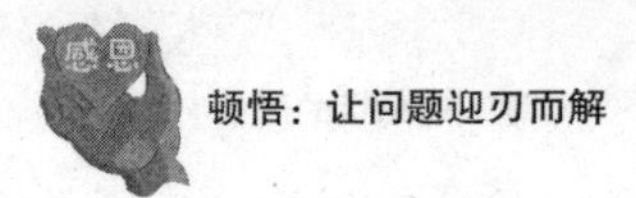

时常感恩，在人生的低潮积蓄能量

生活中总有磨难，也总有痛苦。有高潮来临，也会有失落出现。于磨难处翻身，于低潮时奋起，这不仅是一种乐观向上的人生态度，更是一种对人生深刻的体悟。

人生几时愉快，几时悲伤，几时欢笑，几时流泪，有谁能够说得清楚。如果每天清晨，你都能幸福地醒来，感受阳光的温暖，体会空气的清新，你就应该感激生命的赐予，感恩于活着的幸运。

感恩是蕴藏在人的内心深处的一种情感，时时怀着一颗感恩的心，不仅可以除去心中仇恨的种子，更可以让自己的生命变得更加温馨。

一次，汤姆在一家雅致的餐厅就餐时，发现旁边有三个黑人孩子，他们似乎在餐桌上写着什么。在就餐的时间、就餐的地方，这三个孩子却没做与吃饭有关的事。汤姆难以按捺心中的好奇，试探着走了过去。这几个孩子看汤姆这样一个肤色不同的外国人到来，他们没有一丝扭捏，而是落落大方地和汤姆谈了起来。这三个孩子中，一个约十二三岁戴眼镜的男孩是老大，八九岁的女孩是老二，另外一个五六岁的男孩是老三。从谈话中汤姆了解到他们和母亲是暂时住在这家酒店里的，因为他们正在搬家，新房还未安顿好。

当汤姆问他们在做什么时，老大回答说正在写感谢

信。他一副理所当然的神情使汤姆满脸疑惑。这三个小孩一大早起来写感谢信？汤姆愣了一阵后追问道：“写给谁的？”“给妈妈。”汤姆心中的疑团一个未解一个又生。“为什么？”汤姆又问道。“我们每天都写，这是我们每日必做的功课。”孩子回答道。哪有每天都写感谢信的？真是不可思议！

汤姆凑过去看了一眼他们每人手下的那沓纸。老大在纸上写了八九行字，妹妹写了五六行字，小弟弟只写了两三行。再细看其中的内容，却是诸如“路边的野花开得真漂亮”、“昨天吃的比萨饼很香”、“昨天妈妈给我讲了一个很有意思的故事”之类的简单语句。

汤姆的心头一震。原来他们写给妈妈的感谢信不是专门感谢妈妈给他们帮了多大的忙，而是记录下他们幼小心灵中感觉很幸福的一点一滴。他们还不知道什么叫大恩大德，只知道对于每一件美好的事物都应心存感激。他们感谢母亲辛勤的工作，感谢同伴热心的帮助，感谢兄弟姐妹之间的相互理解……他们对许多我们认为理所当然的事都怀有一颗“感恩的心”。

对于平凡的小事都懂得感恩的人，能把幸福的底线放得如此之低的人，他在生活中会感受到更多的快乐。

“感谢折磨你的人”，这是最近较为流行的一句话。生活中总有磨难，也总有痛苦。有高潮来临，也会有失落出

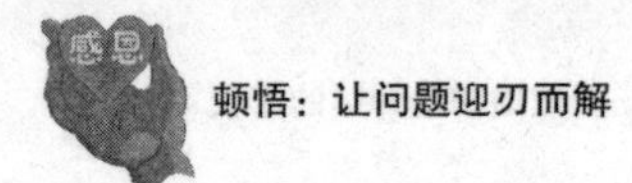

现。即便生活误解了你，使你遭遇挫折与打击，你也要心怀感恩。于磨难处翻身，于低潮时奋起，这不仅是一种乐观向上的人生态度，更是一种对人生深刻的体悟。

在世界纪录中，销售汽车最多的人，是一位名叫乔依·吉拉德的汽车业务员，他在一生中卖出的汽车总数高达1425辆，这个数字让许多同行望尘莫及。但是，在乔依成为汽车销售高手之前，他过着负债累累的生活。

当时，经济不景气，乔依根本无法顺利找到糊口的工作，因此，家人们经常吃不饱。而每一次，当门铃声响起的时候，一定是债主在门外等着要钱。一天，一位穷凶极恶的债主又登门讨债，于是，乔依只得从家中的窗户爬出去，逃避债主。

乔依离开家以后，内心十分痛苦，但这一切并没有使乔依感到人生灰暗，反而刺激了他奋起的斗志。当他走在街道上，抬头看见一家汽车公司的招牌，他决定要去争取一份销售汽车的工作，乔依去应聘了。虽然汽车公司的经理一开始便回绝了他，但是乔依仍然不停地向经理说明他的工作能力，在经过了几个小时的努力之后，经理终于同意让乔依试一试，不过附带的条件是：乔依没有基本底薪与福利，而且他只能赚取销售汽车的佣金。

后来，当乔依好不容易邀约到一名客人来公司看车时，他的心中只有一个想法，要是这笔生意能够成交，他就可以

帮助家人购买许多食物，并且，当他想到能够看见家人满足与幸福的神情时，他的心中就无比快乐。因此，无论如何，他一定要全力以赴！没过多久，怀抱着热切期望的乔依，终于成功地卖出了他的第一辆汽车，从此以后，他开始踏上了销售高手的旅程！

生命中最大的阻力与挫折，往往也能够成为人生最大的动力，对磨难常怀感恩，在人生的低谷时仍能积极进取的人，更容易实现人生的突破。不知你是否发现，名画家们最得意的画作，常常是在他们的生命低谷时期创作的；名作家流传千古的作品，也常常是在人生的低潮时期写下的。这其中，包括许多登上人生巅峰的成功人士，他们在人生低谷，在磨难重重时，没有对磨难抱怨，没有被磨难打到，而是常怀感恩之心，从人生的低谷逐渐向辉煌攀升。

生活给予你挫折的同时，也赐予了你坚强，你也就有了另一种阅历。对于热爱生活的人，它从来不吝啬。酸甜苦辣不是生活的追求，但一定是生活的全部。试着用一颗感恩的心来体会，你会发现不一样的人生。

人的一生，登高时，不可以张狂自满；走入低谷时，也不要气馁沮丧；因为，在人生的每一个阶段，都能够重新开始，所以，即便你在最痛苦难熬的时候，也应该牢记光明和美好始终存在，感恩活着的幸运，感谢众多给予你磨难、让你更加坚强的人。

要知道，父母不会在原地等我们

岁月不饶人，父母是不会在原地等我们的，我们在成长，父母却在慢慢地老去。

孔子曾说，父母在，不远游，游必有方。每个人都想留在父母的身边，留在老家，过着安逸的生活。但现实的境况是很多人不远游就难以生存。

在前几年，《常回家看看》这首歌，曾温暖了无数游子的心。“找点空闲，找点时间，领着孩子常回家看看。带上笑容，带上祝愿，陪同爱人常回家看看。妈妈准备了一些唠叨，爸爸张罗了一桌好菜，生活的烦恼向妈妈说说，工作的事情向爸爸谈谈。常回家看看，回家看看，哪怕帮妈妈洗洗筷子，刷刷碗，老人不图儿女为家做多大贡献，一辈子不容易，就图个平平安安。常回家看看，回家看看，哪怕帮爸爸捶捶后背，揉揉肩，老人不图儿女为家做多大贡献啊，一辈子总操心，就换个平平安安。”念着这些质朴的歌词，很多人都会不由自主地哼起它的旋律。回家，在众多的游子心中越扎越深，以致在现实生活的压力面前，变成另一种奢求。

其中有一部分人，因为生活所迫而很少能回家。他们值得同情，似乎更可以谅解。也有一部分人，在事业渐有起色后，忘记了亲情的温暖，淡忘了以前家中的温馨，在忙碌中很少顾家，顾及自己的父母。

俗话说，树欲静而风不止，子欲养而亲不待。真的等到那时再回家，你的生活就已失去了原本的颜色。

五年前，他经过刻苦学习，以优异的成绩从大学毕业，被分配到远离家乡一百多公里以外的城市。由于年幼时父亲早逝，每个月他都雷打不动地回家看望母亲。当时返乡的车票是由质地较厚的彩色胶纸印刷的，每次，母亲总会要他把车票送给她作为礼物。而他总是笑笑把车票递给母亲，不知其意。

后来，母亲每次都会翻翻他的衣袋，只留下那张车票。

几年后，他恋爱、结婚、生子，回家次数减少了。再后来，他担任单位的领导，更忙了，有时甚至半年才回一次家。尤其是他有了专车，没必要再坐长途汽车，不再有车票，母亲也渐渐地不再翻他的衣袋。

十年过去，他成为政府机关的重要领导，一天晚上老家的弟弟打来长途电话，说母亲突患脑出血，生命垂危。一百公里对他来说并不算长途，一个多小时后，他便见到了母亲。这时，他突然发现病榻上的母亲已是白发苍颜，十分衰老、憔悴。匆匆见了一面，天亮时母亲就去世了。

他带着兄弟姐妹们安葬了母亲。在整理母亲的遗物时，他从那只祖传的檀木箱子里翻出了一本泛黄的书。他翻开来惊讶地发现书内竟整齐夹着一叠车票——他当年每次返乡看望母亲时留下的车票。他的泪水又一次涌出，他后悔为什么

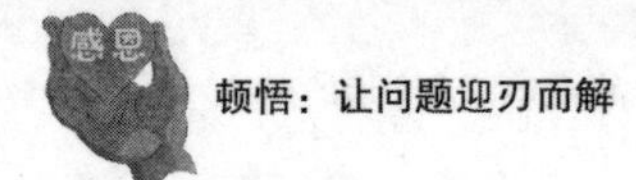

母亲健在的时候不多回几次家，他回忆这些年的往事忽然意识到，这么多年来，母亲还从未到过他的四室二厅里住过一夜。回城时，他只携带了那叠花花绿绿的车票。

风筝被线牵绊，随线而飞，未必出于本意，而当我们羽翼丰满，仍情愿留守在父母身边，则并非是一种牵绊，而是那份牵挂父母的孝心让我们驻足。若我们真的无所牵挂地展翅远飞，总会留有遗憾，抑或是一种悲哀。

不管天下父母的学识、本事有多大的不同，在他们心中，子女都是永远的挂念，是无瑕的翡翠倒映着他们的希望，更是他们的精神支柱。倘若我们不足以支撑起他们的天空，只要我们能让他们的心得到宽慰，也足以表明你的孝心。

恩格斯的父亲病故后留下一大笔遗产，作为长子的恩格斯本应拥有继承权。可是在处理这笔遗产时，恩格斯的几个弟弟都毫无理由地要求他放弃应得的份额。

当时他的母亲正卧病在床，随时有可能离他而去，而他的弟弟们毫不退让，步步紧逼。如果继续纠缠下去可能要对簿公堂，而他完全胜券在握。面对这一份遗产纠纷，恩格斯首先想到的是身患重病的母亲，她无力再为此事操劳，也不能再经受打击了。为了不使母亲增加精神压力，他毅然决定向弟弟们让步，放弃自己应有的那份遗产。随后，遗产纠纷很快解决了。他常去医院探望母亲，并鼓励她接受治疗，年迈病重的母亲得到了精神上的安慰，在医生的精心治疗下又

生活了十多年。

这一遗产事件平息后，恩格斯给母亲写了一封信，在信中他说道：“亲爱的妈妈，为了您，我克制住了一切欲望……世上的任何东西都丝毫不能使我让您的晚年因家庭遗产纠纷而黯伤……我绝不让这样的问题再来烦扰您……我可能还会有成百上千的其他财富，但是我永远不会有另一个母亲。”

一颗赤子之心足以温暖父母，一时的洒脱能带给父母长久的慰藉，未必光宗耀祖才是大孝，未必攀爬到顶峰成为声名显赫的伟人才是真孝。做一个平凡的人一样可以让父母的心得到宽慰，倘若你能用心扫去父母的苦闷，排除他们的忧愁，更能让他们从心底发出笑声。

天底下最无私的人，就是自己的父母。亲情是生活中永恒的彩虹，不管生活因金钱、工作等产生何种变故，父母的关爱总是最靓丽的一抹风景。

情在交流中更加深厚，爱在感知中变得更浓。岁月不饶人，父母是不会在原地等我们的，我们在成长，父母却在慢慢老去。所以，对父母最大的孝敬，就是常回家看看，多给他们一些关爱。钱是挣不完的，工作也是做不尽的，但是我们和父母相聚的日子总是越来越少，幸福的生活，最基本的元素就是有一个完整、和谐的家庭，有亲切的关爱在彼此的心间流淌。

第12章

凡事看开一点，没有人能够让你不开心

我们生存在一个生活上海市极为快速的年代里，其中有太多的好与坏，总是随时迎面而来，仿佛每天当你一睁开双眼，太多的不可能就已经变为事实，而那些你无法忍受的既有事实，竟然也变得更加令人痛苦。渐渐地，当我们在享受越来越多的生活的使得时，忧郁的浪潮也随之而来并不停地冲击着我们。

生活中的快乐哪里去了呢？是因为我们忙碌，对它冷漠视之，使它销声匿迹，还是我们的心有太多的羁绊，无法释怀呢？所有的人都以快乐、幸福作为自己生活的目的，大家都在朝着这一目标前进。最幸福的似乎是那些并无特别原因而快乐的人，他们仅仅因快乐而快乐。布雷默说，真正的快乐是内在的，在只有人类的心灵里才能发现。

乐观面对生活，快乐并不难以获得

当生活像一首歌那样轻快流畅时,笑颜常开乃易事；而在一切事都不妙时仍能微笑,是真正的乐观。

一天，上帝来到一座水塘边休息，正在他熟睡时，他听到一阵争论的声音。上帝睁开眼，一看原来是乐观者和悲观者又在那里拌嘴。

乐观者与悲观者争论的问题主要有三个。第一个问题是希望是什么？悲观者说：是地平线，就算看得到，也永远走不到。乐观者说：是启明星，能告诉人们曙光就在前方。第二个问题是风是什么？悲观者说：是浪的帮凶，能把你埋葬在大海深处。乐观者说：是帆的伙伴，能把你送到胜利的彼岸。第三个问题：生命是不是花？悲观者说：是又怎样，开败了也就没了。乐观者说：不，它能留下甘甜的果。

他们争执不下，彼此都坚信自己的答案是正确的，在越吵越凶之际，两人竟然动起手来。上帝看不下去了，大步流星地走到他们面前，分开二人，并问了以下三个问题。

第一个：一直向前走，会怎样？悲观者说：会碰到坑坑洼洼。乐观者说：会看到柳暗花明。第二个：春雨好不好？悲观者说：不好！野草会因此长得更疯！乐观者说：好！百花会因此开得更艳。第三个：如果给你一片荒山，你会怎样？悲观者说：修一座坟。乐观者说：不！种满绿树。

你一言我一语，两人针锋相对，仍没有和解的迹象。上帝见此情况，就默默地走开了。在临走之时，他给了乐观者勇气，给了悲观者眼泪。

这就是上帝对二人做出的判决。显然，生活中的多数人都会主动地选择乐观者的角色，谁都不愿让上帝把眼泪赐给自己。然而，即使你选择乐观，眼泪是否也会时常光顾呢？

在这个世界上，乐观者与悲观者往往对应着社会上的两种人，那就是成功者和失败者。不可否认，拥有豁达、乐观等积极心态的人，不仅更容易获得快乐、惬意的人生，而且在事业上，往往更能攀登高峰。哲人说：快乐的方式可以多种多样，快乐的种子却是众人皆同。每个快乐的人，都藏有一颗相同的快乐种子，那就是乐观的人生态度。

有人总结出如下一条应对郁闷和烦恼的公式：

首先，找个人，把郁闷和烦恼说出来，无论这个人是朋友、家人还是自己；

其次，如果能够或者是需要及时予以解决的，那就立刻着手去办；

再次，如果暂时或者较长时期无法去解决，就把它们暂时搁置起来，将注意力和精力聚焦在其他必须要做的事情上。

这个公式可以简单地概括为：倾诉—行动或搁置—继续前进。

据说，这条公式还蛮有作用的，很多人照着“试用”了一下，效果出奇的好。

其实，每个人都有自己的烦心事，每个人在某些时候都会心情低落，甚至垂头丧气。懂得把自己的不快乐倾诉出来，而不是憋在心里，使它“发霉变质”，最后毒害自己的心灵。

面对生活中的烦心事，让自己能够豁达地去面对、去倾诉，以至于始终都能使得自己留住快乐，埋下烦恼，这无疑是世界上最聪明、最会善待自己的人。

当生活像一首歌那样轻快流畅时,笑颜常开乃易事；而在一切事都不妙时仍能微笑的人,是真正的乐观。乐观本身就是一种成功，就是一种幸福的资本。永远快乐是人生的完满结局及目标，在追求它的路上，乐观的态度永远是打开快乐之门的万能钥匙。

对生活充满热情，让精神归属快乐

热情是快乐的秘方，是成功的催化剂。如果你是一潭充满热情的活水，你就拥有了日新月异的动力，你就有了热情四射的活力。

生活需要热情，那种平淡无味、死气沉沉的生活给人一种衰亡的感觉。上班族中很多人都是两点一线，朝九晚五，重复着简单无聊的日子。等到有一天突然回头，你会发现自己已过而立之年，却依旧碌碌无为，只懂得生存，不知道何为快乐。

每一天清晨的霞光下，在一个个忙碌的身影中，有你，有我。一天如此，一年如此，一生都会如此。谁对生活更热情，更懂得品味和享受，无疑，他就更容易寻找到快乐的足迹。

杰克是美国一家麦当劳的员工，每天的工作就是不停地做很多相同的汉堡，没有什么新意，但是他仍然非常快乐，从来都是用满怀善意的微笑热情地迎接他的顾客，几年来一直如此。他的这种真挚的快乐，感染了很多人。有人不禁问他，为什么对这样一种毫无变化的工作感到快乐？究竟是什么让他充满热情?

杰克回答，我每做出一个汉堡，就知道一定会有人因为它的美味而感到快乐，那我也就感到了我的作品带来的成

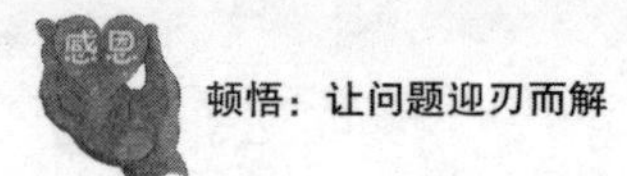

功，这是多么美好的事情。我每天都会感谢上天给我一份这么好的工作。

由于杰克的快乐心情，这家店的生意越来越好，名气也越来越大，最后终于传到了麦当劳公司总管的耳朵里，于是，杰克得到了总公司的一个重要职位。

与杰克想法相反的是他的表弟奎尔，他是一家汽车修理厂的修理工，从进厂的第一天起，他就开始生气：修理这活儿太脏了，瞧瞧我身上弄的，而且没有高额的薪水。每天他都是在不满的情绪中度过，认为自己在像奴隶一样卖苦力。他每时每刻都窥视着师傅的眼神与行动，稍有空隙，他便伺机偷懒，应付手中的工作，并且总是期待下班的时间。

转眼几年过去了，一同进厂的几个工友，各自凭借精湛的手艺，或另谋高就，或被公司送进大学进修，唯有他，仍旧做着讨厌的修理工作，仍旧沉浸在无法升迁的痛苦之中，碌碌无为地应付每一天。原来，缺乏热情、失去快乐的最大受害者，就是自己。

对于一个普通人来说，即便你坚信自己才华横溢，但如果你缺乏热情，你也只能停留在表面功夫的作业上，做一天和尚撞一天钟，既享受不到工作所带来的乐趣，也不会有任何升迁的机会光顾你。

生活中需要热情，快乐更是由热情点燃的。当你对生活全身心投入的时候，那份专注的热情会持久地温暖你的心，

使你拥有燃烧着的快乐和付出后的满足。

在很多人的眼中，石头就是石头：它不说话、不唱歌、不生气、不兴奋、不做梦、不旅行、不期待未来、不挂念往事、不恋爱。它什么事也不做，只固执地想当个真正的石头。最后的结论是：石头真无聊。

但在台湾著名艺人杨林的眼里，石头却是这样的：石头说自己的话，唱自己的歌；它生气时只有自己知道，兴奋时非常低调，做梦时不让你知道。正是这种对待生活热情的态度，造就了一个不同于传统观念的艺人。

杨林宣布挥别演艺转行画画的时候，曾引起了一阵哗然，很多人都对她的“挥别”与“转行”感到不可思议。不过，杨林却平静地向大家说道：“我只是选择一个让自己灵魂快乐起来、简单自在的工作罢了。”她坚信，对生活、对画画保有热情，所得到的快乐远比名誉和金钱要多得多。

但她的经纪人不死心，多次上门来说服她：“你看啊，随便拍个广告，15分钟就可以赚10万元，你干吗不拍啊？”杨林总是坚决地一口回绝，依旧执著地以画画为生，她曾以“撒旦”来形容这种赚钱的快乐与奇妙。

在某次画展结束的时候，杨林微笑着对人说道：一张画，少则要画一个月，多则要画两三个月，最后顶多也就卖几万元，相比起拍广告来是有些少；可是呢，如果接拍广告的话，不但要很早从床上爬起来梳头、化妆，打扮美丽，还

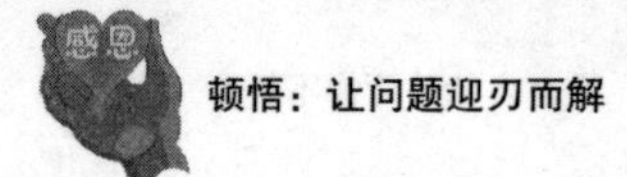

要一个劲儿地对着大家露出牙齿来强装着微笑，虽然转眼就有10万元，可以肆无忌惮地去买名牌、吃美食，然后骗自己说这样活着其实还不错……但实际上，精神上的空虚，又有谁能够看得到呢？

后来，杨林把自己的轿车卖掉了，而且还表示说，如果未来求学的经费不够了，就连房子也会卖掉的。她说："我很快乐，快乐就是做自己想做的事情。"

只有金钱才能缔造快乐，这在很多人的观念里已经根深蒂固。对于那些重视物欲享受的人来说，杨林是个不折不扣的傻子，然而这却是一个真真正正会享受快乐的"傻子"，是一个让自己的精神归属快乐的人。她深深地懂得：在短若朝露的人生岁月里，只有把真实的自我释放出来，才不会白白地辜负自己。

热情是快乐的秘方，是成功的催化剂。黑格尔有句名言："我们可以肯定地说，世界上的伟大事物都是靠热情来成就的。"一个精神萎靡不振的人绝对不会成为成功的人；一个怨天尤人的人也绝对不会获得快乐的体验。

"问渠哪得清如许？为有源头活水来。"如果你是一潭死水，就只能等着变臭、腐烂、干涸；如果你是一潭充满热情的活水，你就拥有了日新月异的动力，你就有了热情四射的活力，那时，你对快乐的理解和体验将获得前所未有的升华。

命运给予你哭的境遇，也给了你笑的权力

事已如此，生气又有何益？把快乐坚持到底才是人生最大的成功。

每个人一早上睁开眼都希望自己能有一个好的心情，但要想做到“天天好心情”还真不是件容易的事。生活中会有很多突如其来的意外砸在眼前，令我们恐慌且不知所措，虽然大的意外并不多，但小麻烦却接二连三。当这些麻烦、障碍物被命运无情地抛到你的脚下时，你可以悲哀、失望，甚至哭泣。当然你更可以选择微笑着接受和面对。

大文学家苏东坡在《定风波·沙湖道中遇雨》中这样说：“莫听穿林打叶声，何妨吟啸且徐行。竹杖芒鞋轻胜马，谁怕？一蓑烟雨任平生。料峭春风吹酒醒，微冷，山头斜照却相迎。回首向来萧瑟处，归去，也无风雨也无晴。”这是他在去一个名叫沙湖的地方的路途中突然遇到大雨时，“雨具先去，同行皆狼狈，余独不觉。已而遂晴，故作此词”。

在被贬边城、人生遭遇不幸的时候，苏东坡依然旷达、乐观，不让外界的环境变化来扰乱自己的心境，改变自己向来乐观的人生信念。正如“莫听穿林打叶生，何妨吟啸且徐行”所描写的那样，当乱雨打叶、风波骤起的时候，何不把它当做一个生活中的小风景，在雨中慢慢走，慢慢吟诗，心情自然就不

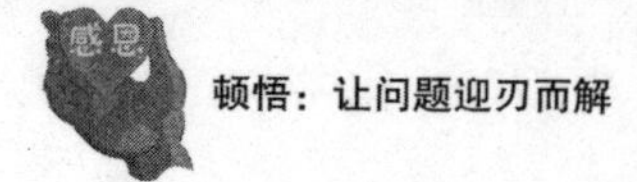

错。当一切风平浪静的时候，再回首看看那时的过程，却带有一点享受般的惬意。对于像苏东坡这样处乱不惊、心如止水，不受外界干扰的人来说，其实人生本来就是“也无风雨也无晴”的。即便时光已逝去千年，我们仿佛还能看到苏东坡在雨中吟啸徐行的样子，看到一个天真烂漫、充满生命激情的人，在向我们展示着，生命原来可以这样洒脱。

不管是什么样的天气，什么样的境遇，只要心中洒脱，看得开，保持一颗乐观豁达的心，对你来说永远都会是风和日丽、天高云淡的好天气。

哲人说，把快乐坚持到底才是人生最大的成功。不轻易让悲伤抬头，不让糟糕的情绪长时间占据我们的心灵，是幸福人生的必修课。

人活于世，随着对生活认识的加深，社会化程度的加重，难免会有意无意地去在意别人对自己的看法。或许是因为同事开的一个过分的玩笑，或许是早上上班因错过公车而迟到几分钟……不管怎样，总之，你今天看上去很不开心，对谁都是爱答不理，到哪都带着一副冷漠的面孔，总觉得天空阴沉沉的，如同自己的心情。

为何要太在意别人给予的评价呢？对这些小事斤斤计较，只会影响自己的心情，其他毫无裨益。常言道：人生在世，不如意之事十之八九。事已如此，生气又有何益？外界已经给自己带来太多不顺，太多的障碍，逃避是不可能的，

坦然面对，“不为打翻了的牛奶而生气”，你才会感受到更多的快乐。

唐朝著名禅师慧宗好种兰花。一次出外讲经弘法，吩咐弟子看护好种在寺里的数十盆兰花。弟子们深知师父酷爱兰花，侍弄得特别小心。但不幸的是，一天深夜，突然狂风大作，下起暴雨，拔树掀瓦，兰花被砸死了很多。几天后，禅师回家，弟子们忐忑不安。得知原委后，禅师说：“事已如此，生气又有何益？当初，我不是为了生气而种兰花的。”弟子们如醍醐灌顶，大彻大悟。

“事已如此，生气又有何益？我不是为了生气而种兰花的。”看似平淡的话，暗示了多少佛门禅机，蕴蓄了多少人生智慧！

不让过去了的事情影响自己现在的状态，能够做到这点的人，除了具有阳光般的心态之外，同时还懂得控制自己的情绪。

大仲马曾经说过：“你要控制自己的情绪，否则你的情绪便控制了你。”人活的就是心情，因为一些小事而斤斤计较，势必会让自己的心丧失快乐和自由。

米切尔·霍德斯做了一个极为有趣的实验，他将同一张卡通漫画展示给两组测试者看，其中一组的人员被要求用牙齿咬着一支钢笔，这个姿势就仿佛在微笑一样；另一组人员则必须将笔用嘴唇衔着，显然，这种姿势使他们难以露出笑

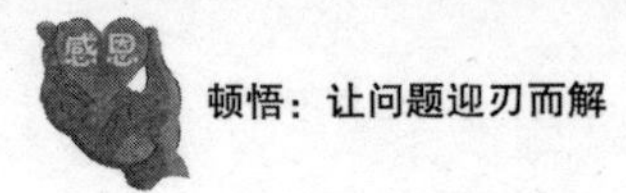

容。结果，米切尔·霍德斯发现，前一组被试者比后一组认为漫画更可笑。

这个实验表明，我们心情的不同往往不是由事物本身引起的，而是取决于我们看待事物的不同方式。情绪的好坏，完全取决于你的心态。我们在生活中，必须维持着一份好心情——随时幽默、开怀、乐观的好心情，才不会被外界的消极影响所干扰。

命运原本是一个瞎子，横冲直撞地朝你而来，时而给予你欢笑，时而更会给你带来悲伤和痛苦。自己的心亮着的人，能够把握命运行走的方向，懂得微笑是自己的权利。也只有如此，他们的人生才显得异常绚烂，且充满欢声笑语。

参考文献

[1] 吴淡如.性格决定幸福[M].南昌：21世纪出版社，2008.

[2] 吴维库.阳光心态[M].北京：机械工业出版社，2006.